BEI GRIN MACHT SICH IHR WISSEN BEZAHLT

Wolfgang Göbels

Grafische Veranschaulichung der Binomialverteilung: 180 Säulendiagramme zur detaillierten Analyse

GRIN Verlag

Bibliografische Information der Deutschen Nationalbibliothek:

Die Deutsche Bibliothek verzeichnet diese Publikation in der Deutschen National-
bibliografie; detaillierte bibliografische Daten sind im Internet über http://dnb.d-
nb.de/ abrufbar.

Impressum:

Copyright © 2013 GRIN Verlag GmbH
Druck und Bindung: Books on Demand GmbH, Norderstedt Germany
ISBN: 978-3-656-40467-5

GRIN - Your knowledge has value

Der GRIN Verlag publiziert seit 1998 wissenschaftliche Arbeiten von Studenten, Hochschullehrern und anderen Akademikern als eBook und gedrucktes Buch. Die Verlagswebsite www.grin.com ist die ideale Plattform zur Veröffentlichung von Hausarbeiten, Abschlussarbeiten, wissenschaftlichen Aufsätzen, Dissertationen und Fachbüchern.

Besuchen Sie uns im Internet:

http://www.grin.com/

http://www.facebook.com/grincom

http://www.twitter.com/grin_com

Wolfgang Göbels

Grafische Veranschaulichung der Binomialverteilung

180 Säulendiagramme zur detaillierten Analyse

Diese Grafiksammlung enthält insgesamt 180 Säulendiagramme zur Binomialverteilung. Die Bernoullikettenlänge n umfasst Werte von 1 bis 20. Zu jedem Wert von n gehören Trefferwahrscheinlichkeiten von p = 0,1 bis p = 0,9 mit der Schrittweite 0,1.

Die Grafiken eignen sich in idealer Weise zu vielfältigen und ausführlichen vergleichenden Betrachtungen und Untersuchungen verschiedener Binomialverteilungen.

Einen erfolgreichen Einsatz der Grafiken wünschen Ihnen Autor und Verlag!

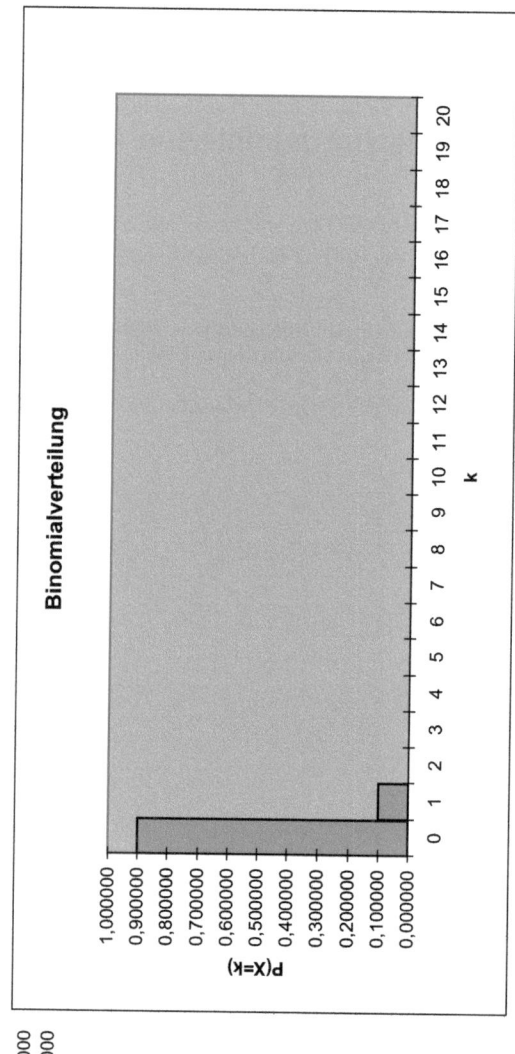

Binomialverteilung

n = 1
p = 0,1

k =   0   0,900000
      1   0,100000

3

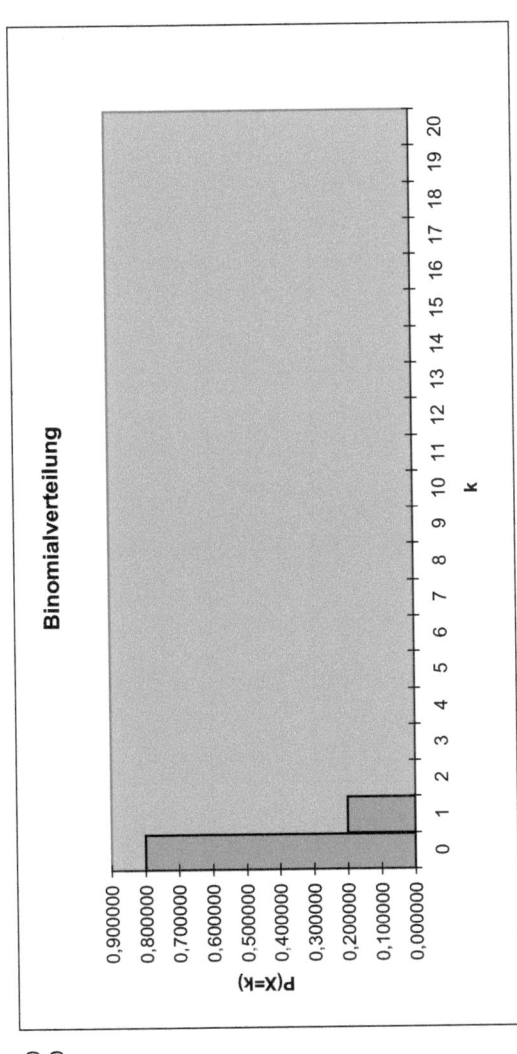

n = 1   0,800000
p = 0,2   0,200000

k =   0
      1

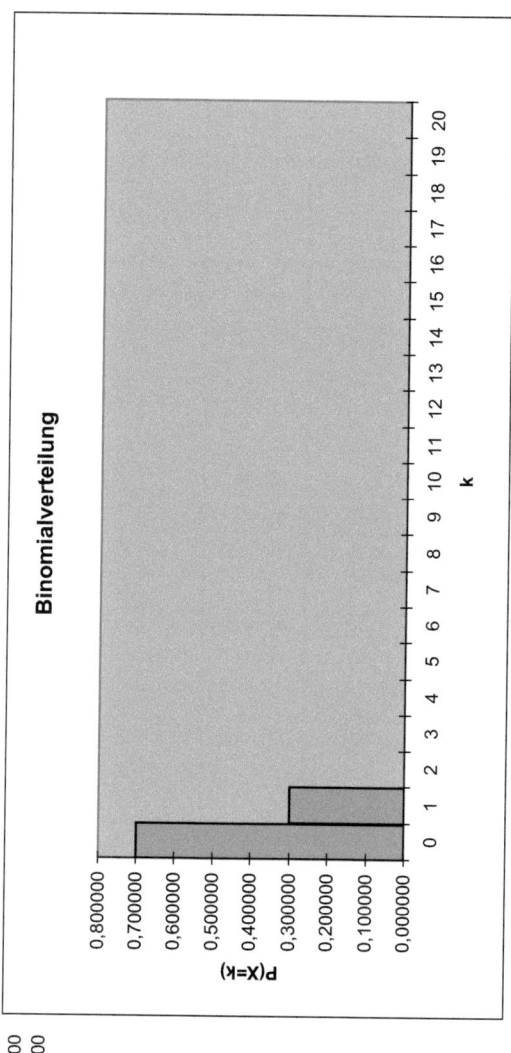

Binomialverteilung

n = 1
p = 0,3   0,700000
             0,300000

k = 0   0,700000
     1   0,300000

5

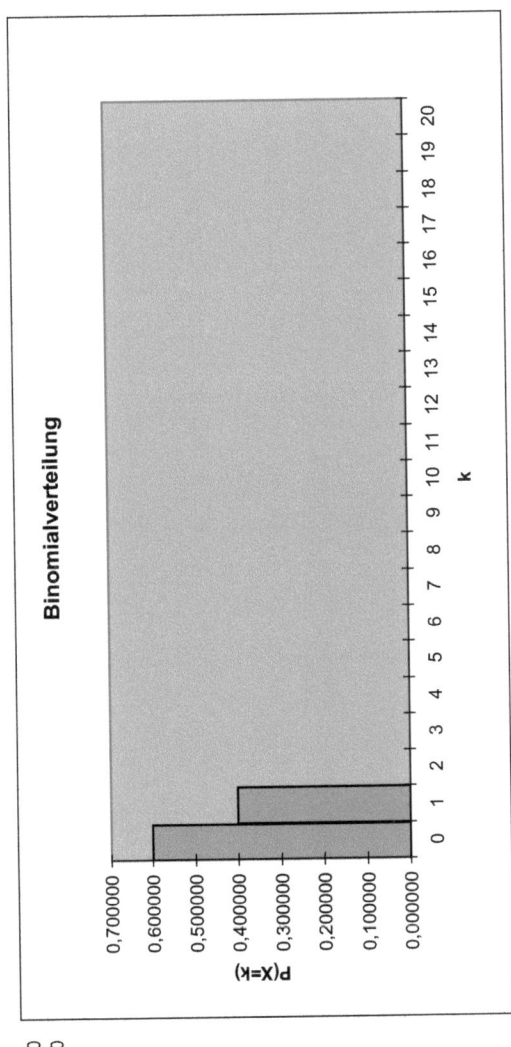

n = 1
p = 0,4

k = 0   0,600000
      1   0,400000

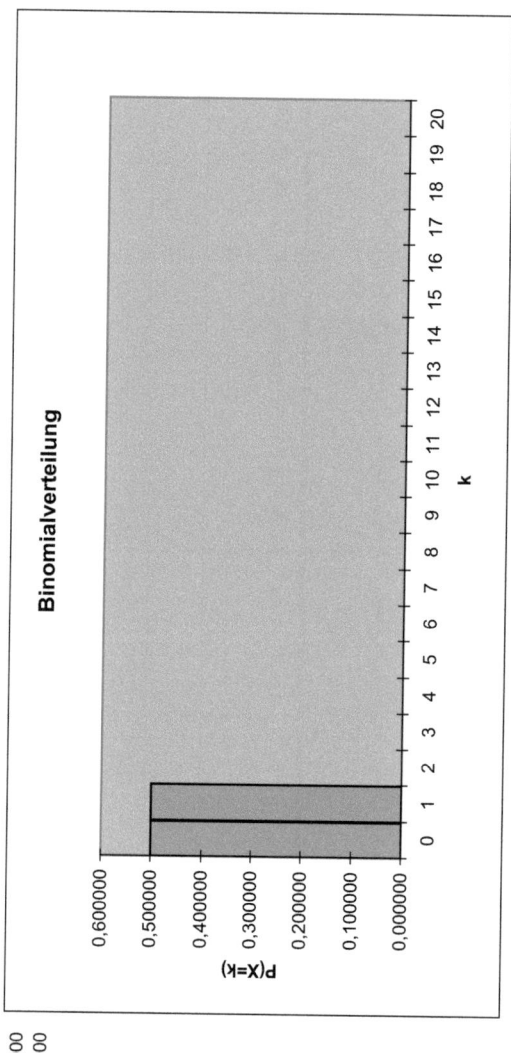

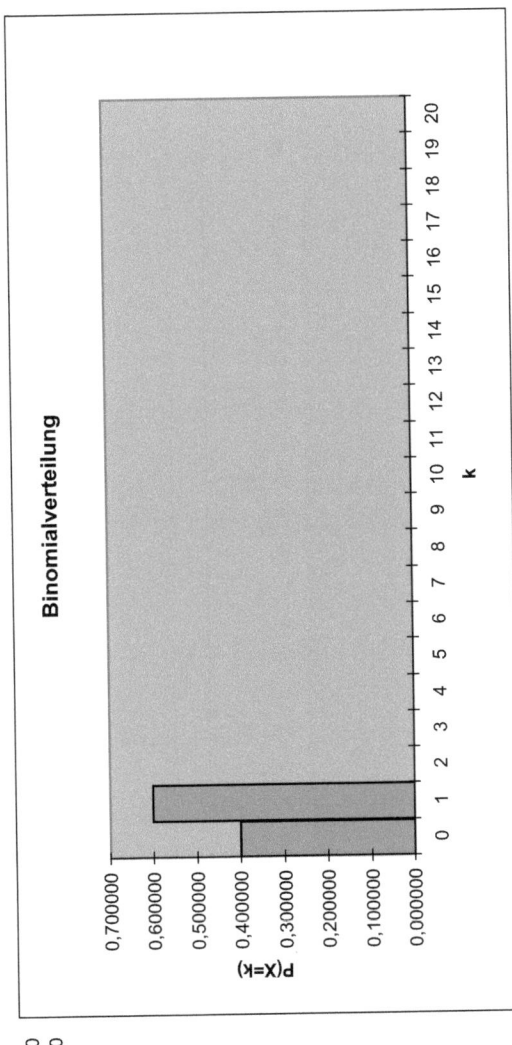

n = 1
p = 0,6

k =	
0	0,400000
1	0,600000

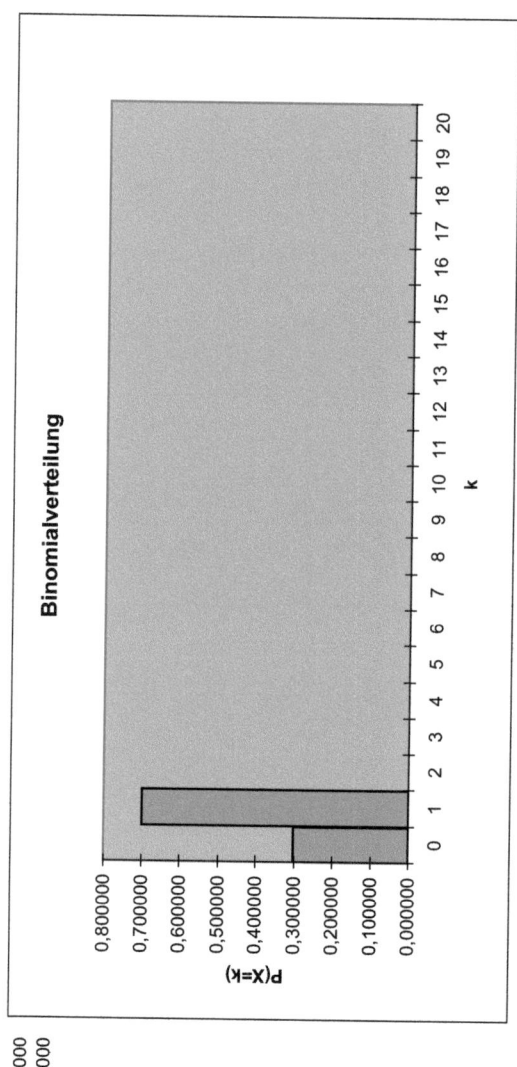

n = 1,
p = 0,7

k =   0   0,300000
      1   0,700000

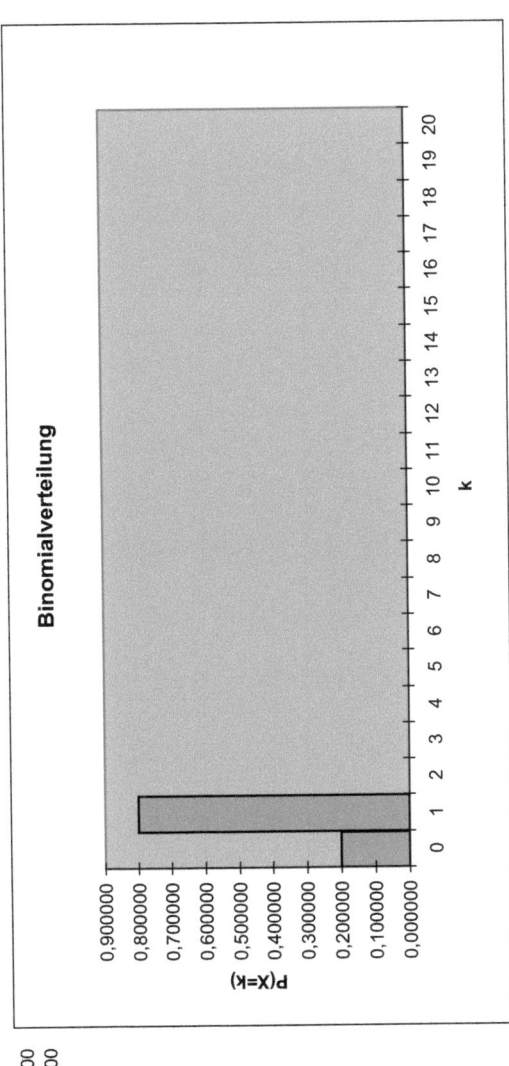

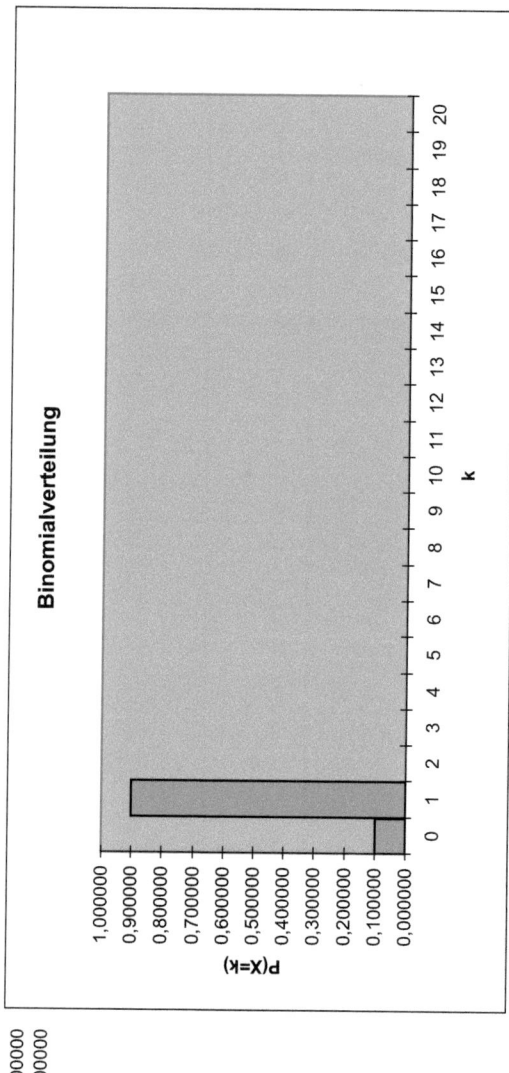

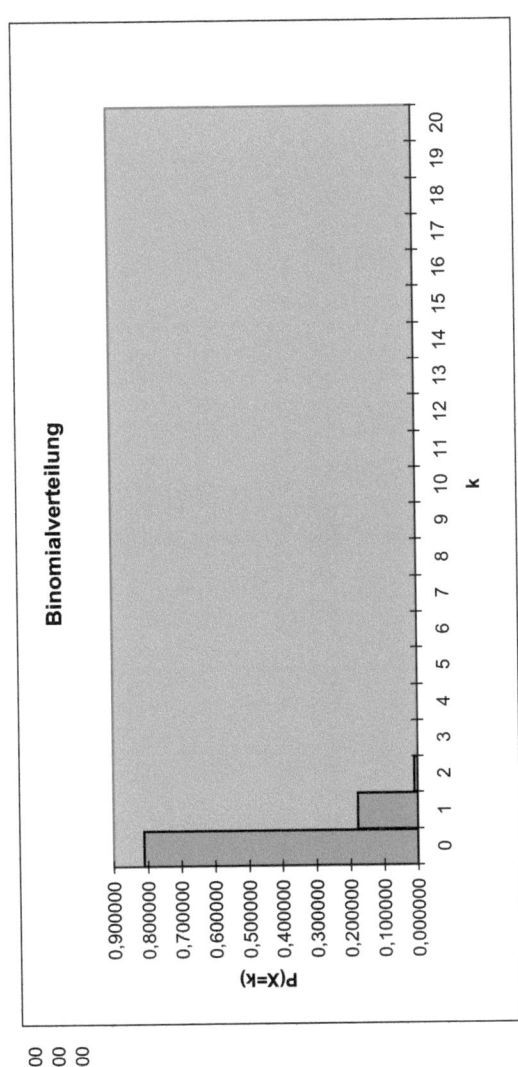

n = 2
p = 0,1

k =   0   0,810000
      1   0,180000
      2   0,010000

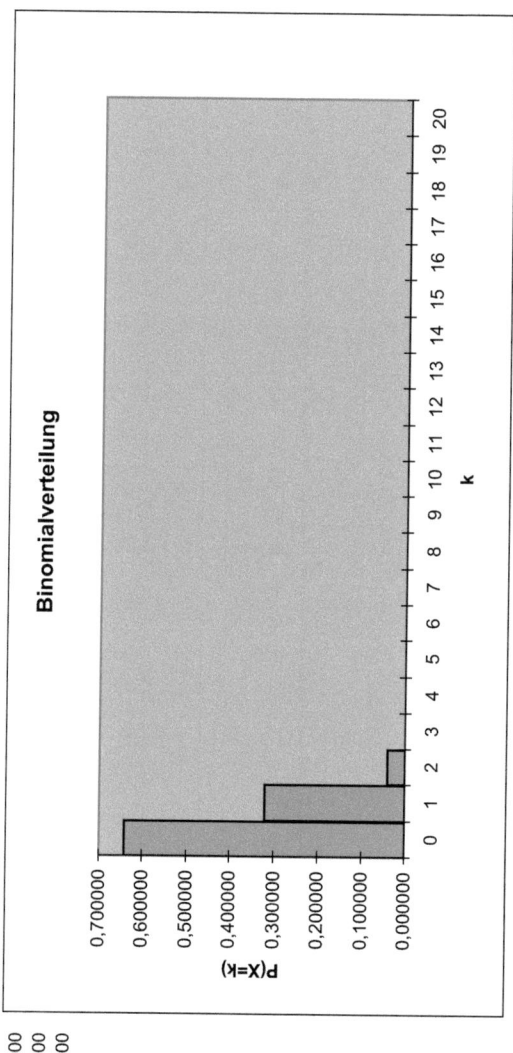

n = 2
p = 0,2

k = 0   0,640000
    1   0,320000
    2   0,040000

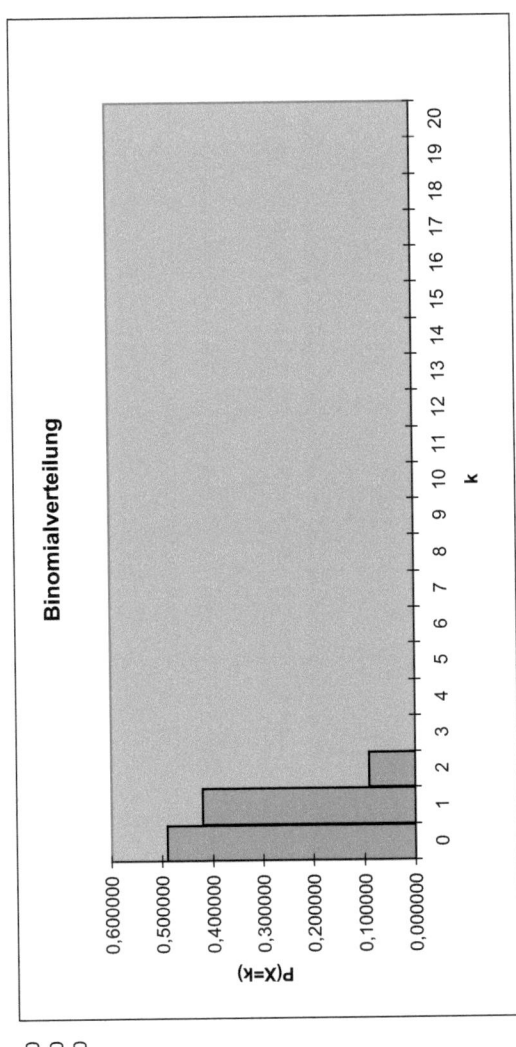

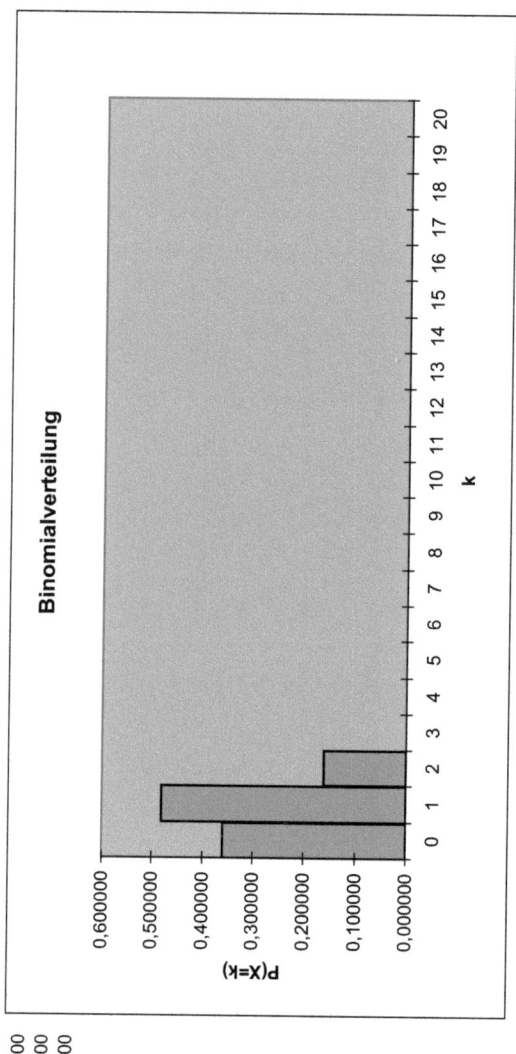

n = 2
p = 0,4

k =		
0		0,360000
1		0,480000
2		0,160000

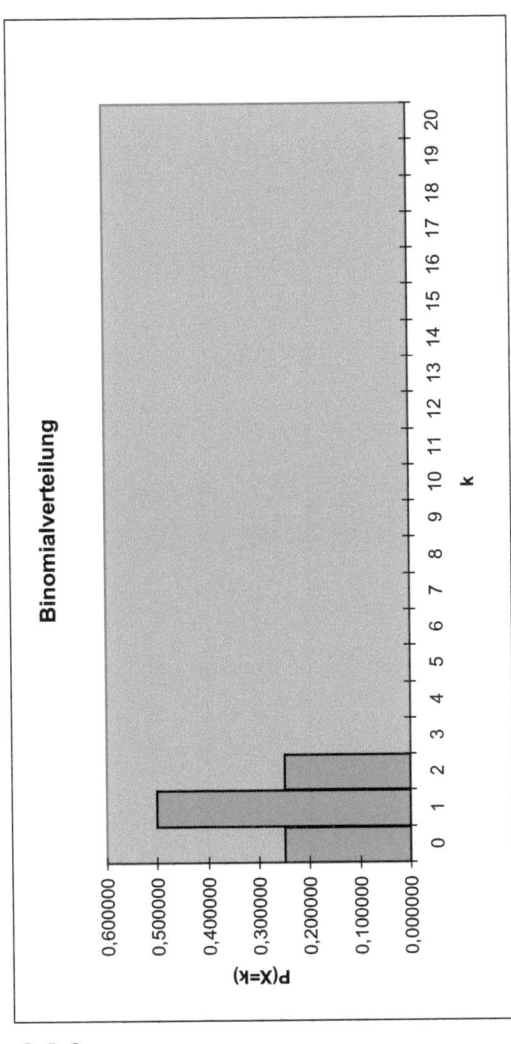

n = 2
p = 0,5

k = 0   0,250000
     1   0,500000
     2   0,250000

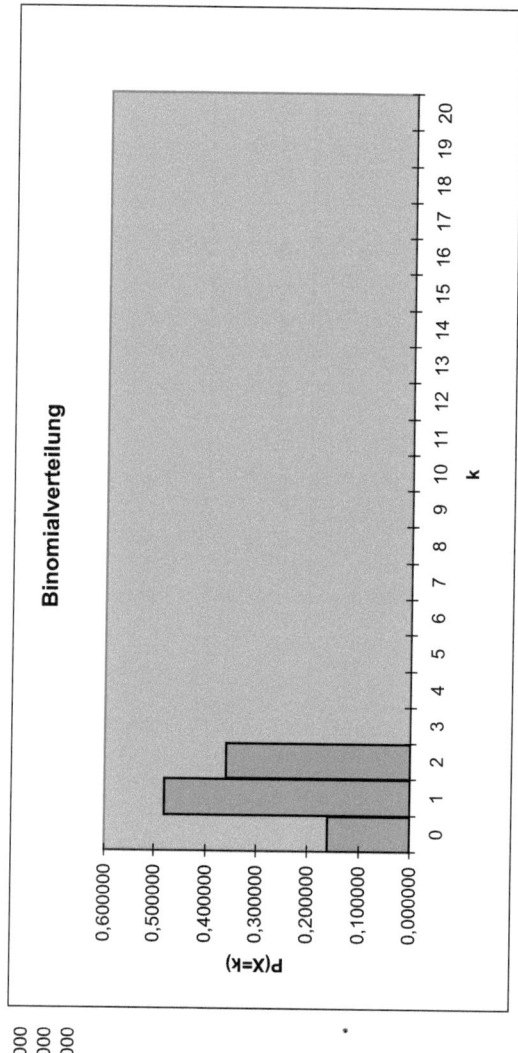

Binomialverteilung

n = 2
p = 0,6

k =   0   0,160000
      1   0,480000
      2   0,360000

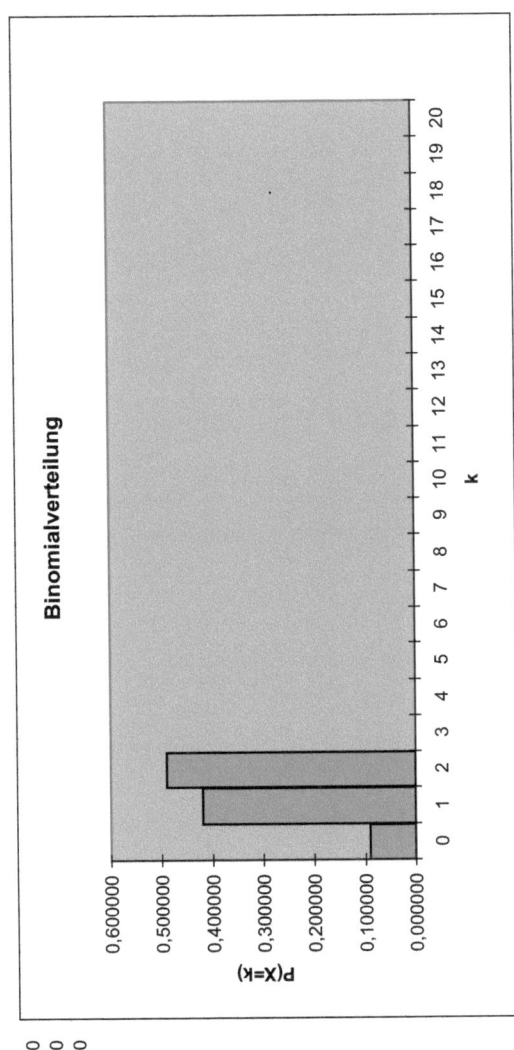

n = 2
p = 0,7

k =   0   0,090000
      1   0,420000
      2   0,490000

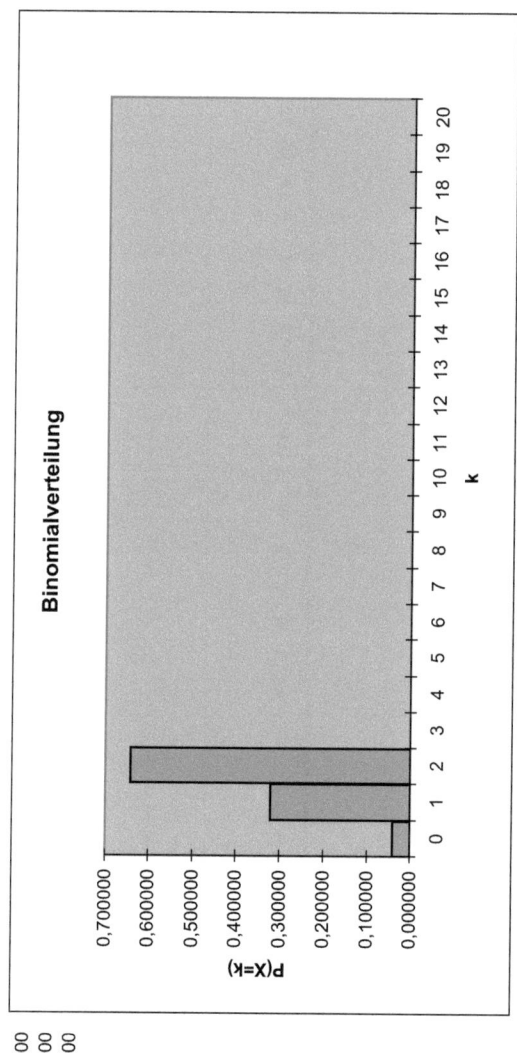

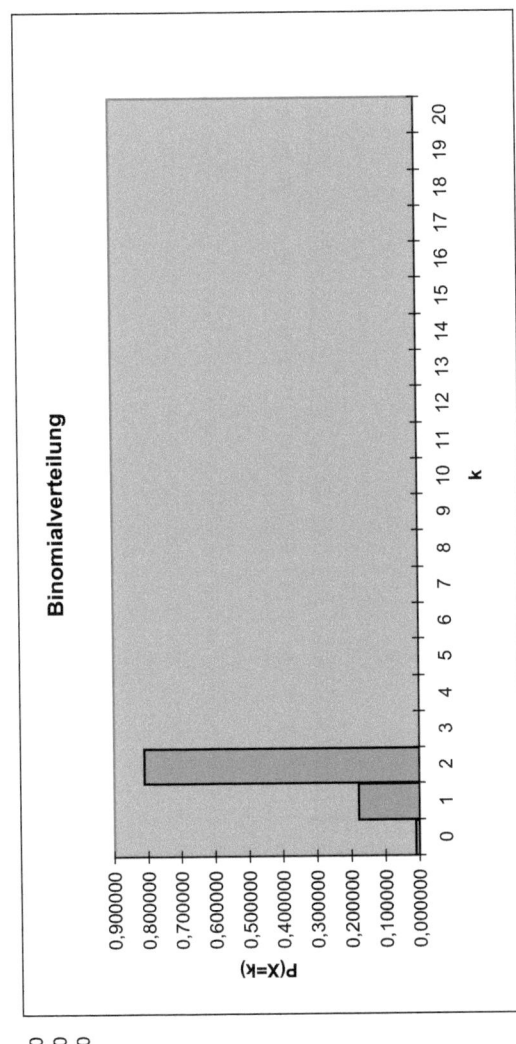

n = 2
p = 0,9

k =   0   0,010000
      1   0,180000
      2   0,810000

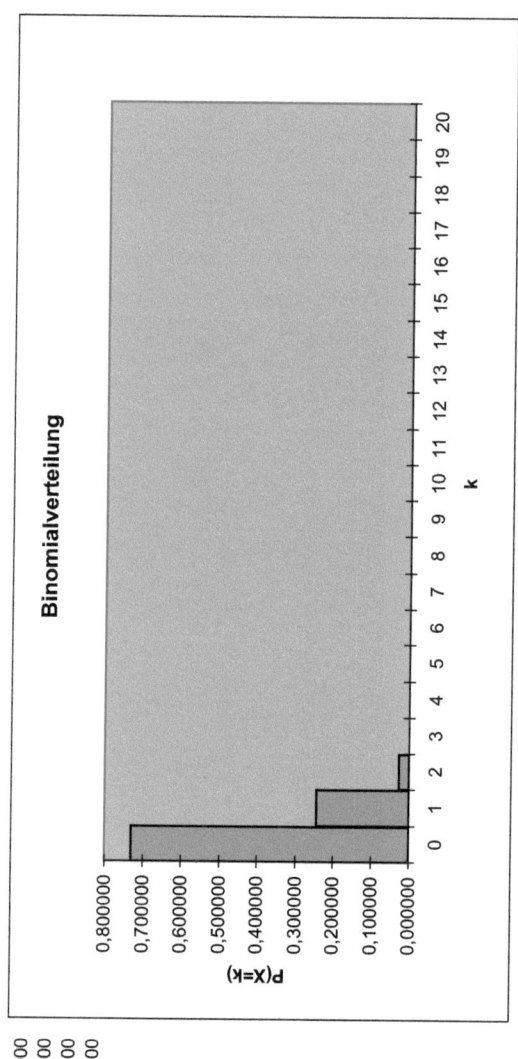

n = 3
p = 0,1

k =   0   0,729000
       1   0,243000
       2   0,027000
       3   0,001000

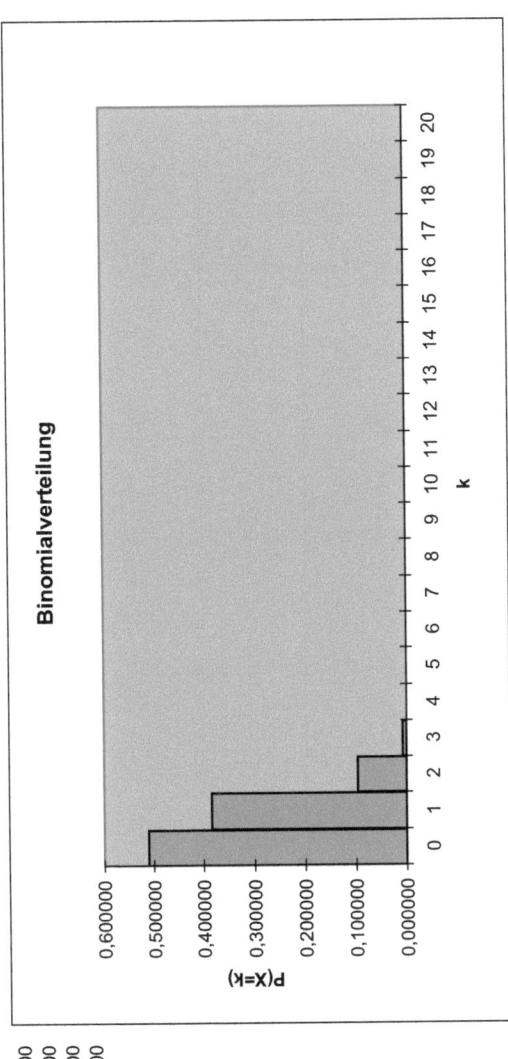

Binomialverteilung

n = 3
p = 0,2

k =		
	0	0,512000
	1	0,384000
	2	0,096000
	3	0,008000

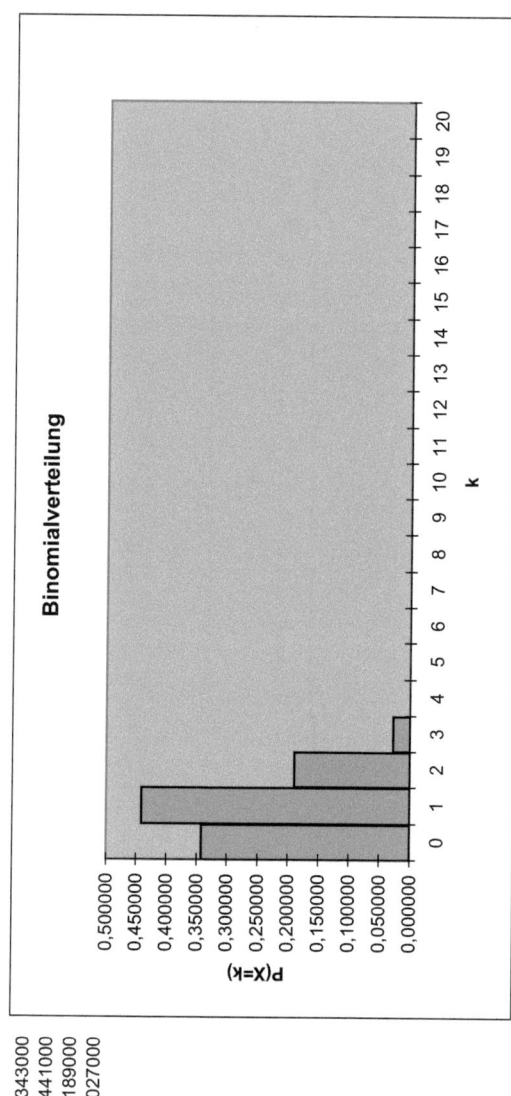

Binomialverteilung

n = 3
p = 0,3

k = 0   0,343000
     1   0,441000
     2   0,189000
     3   0,027000

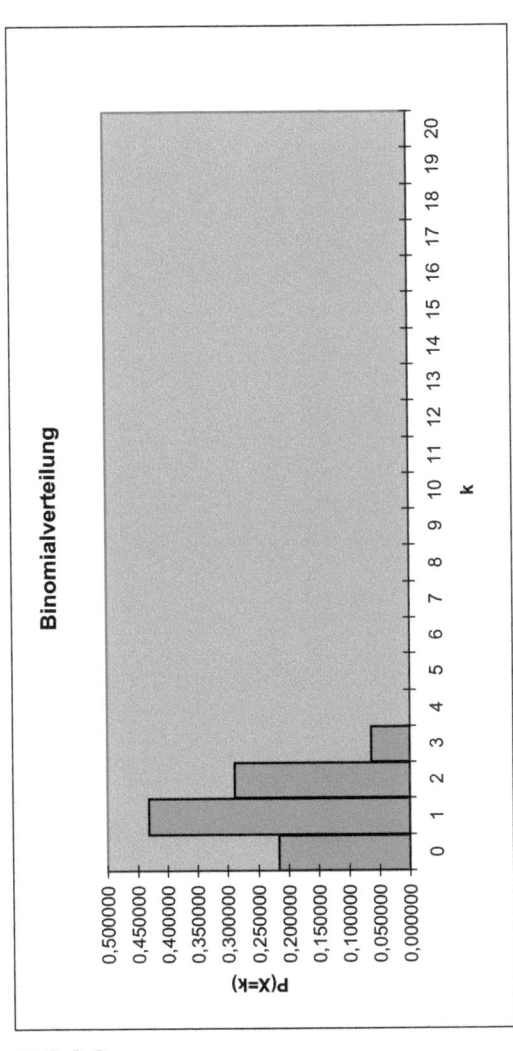

n = 3
p = 0,4

k =		
0	0,216000
1	0,432000
2	0,288000
3	0,064000

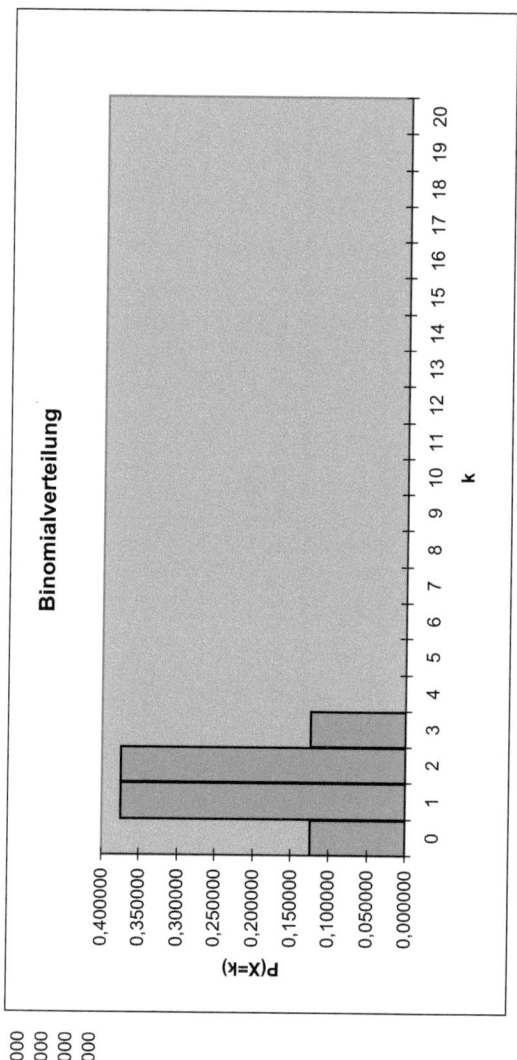

n = 3
p = 0,5

k =	
0	0,125000
1	0,375000
2	0,375000
3	0,125000

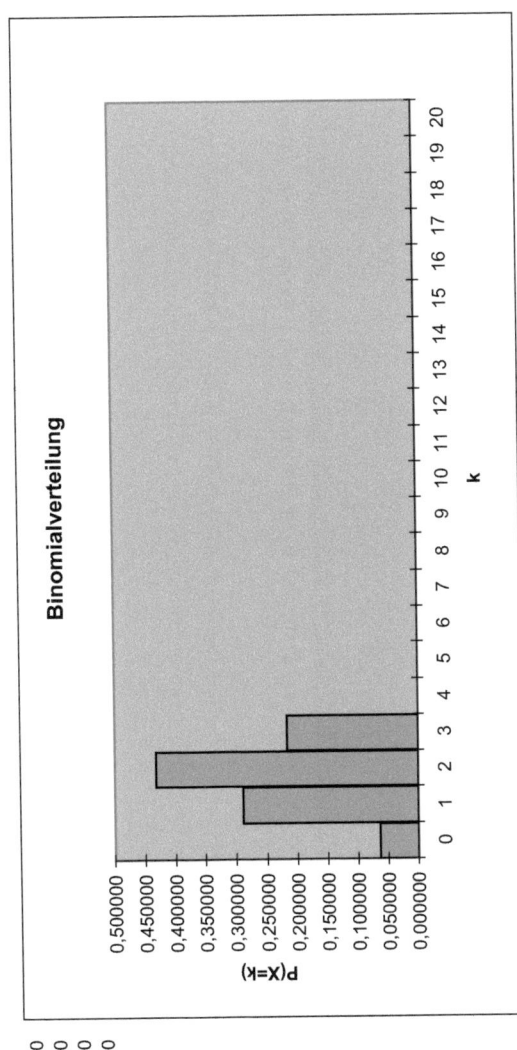

Binomialverteilung

n = 3
p = 0,6

k =	
0	0,064000
1	0,288000
2	0,432000
3	0,216000

26

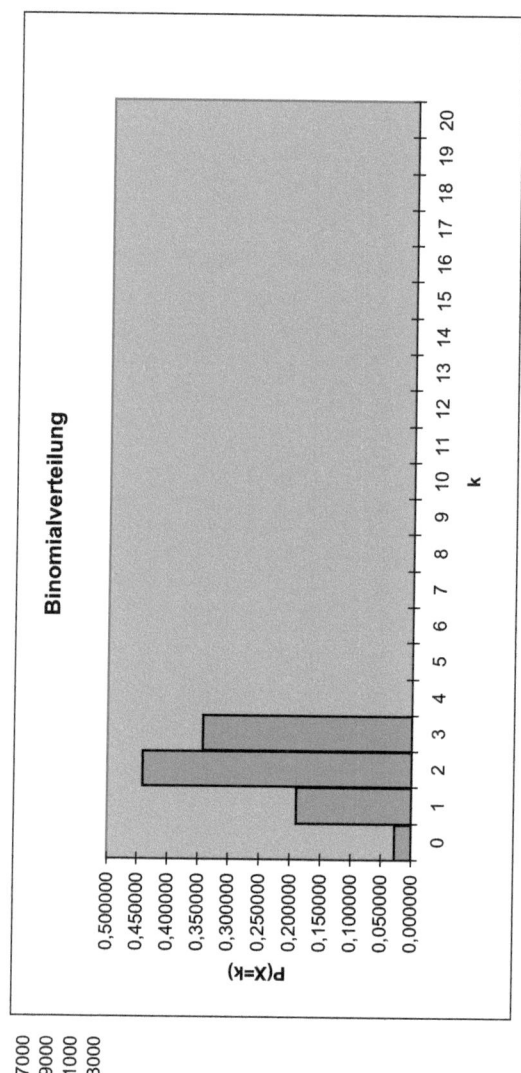

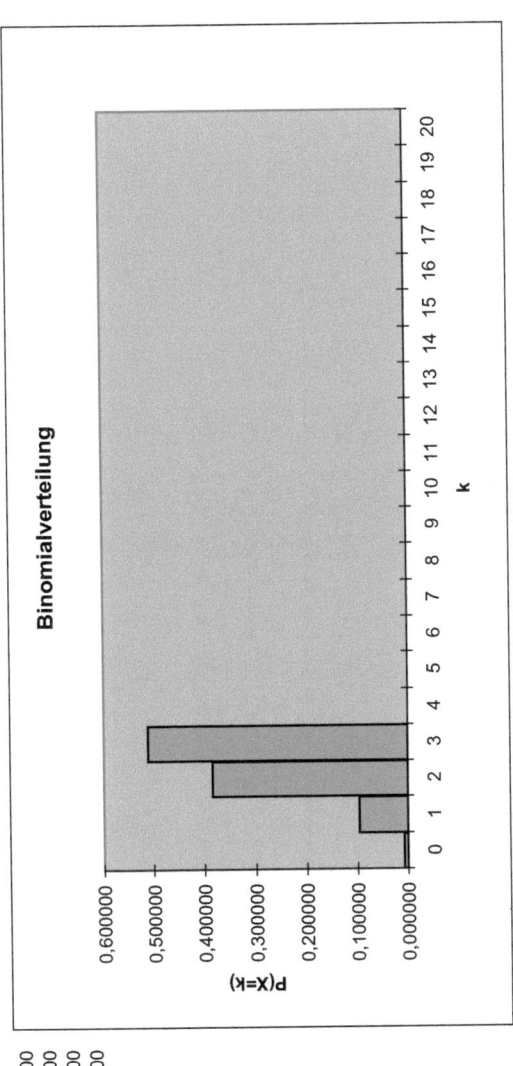

n = 3
p = 0,8

k =   0   0,008000
      1   0,096000
      2   0,384000
      3   0,512000

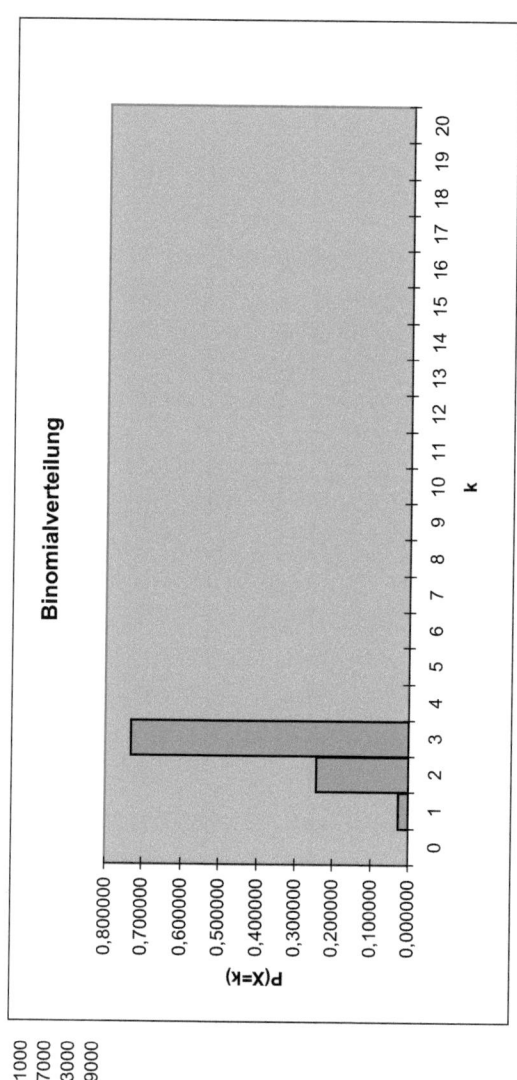

n = 3
p = 0,9

k = 0   0,001000
     1   0,027000
     2   0,243000
     3   0,729000

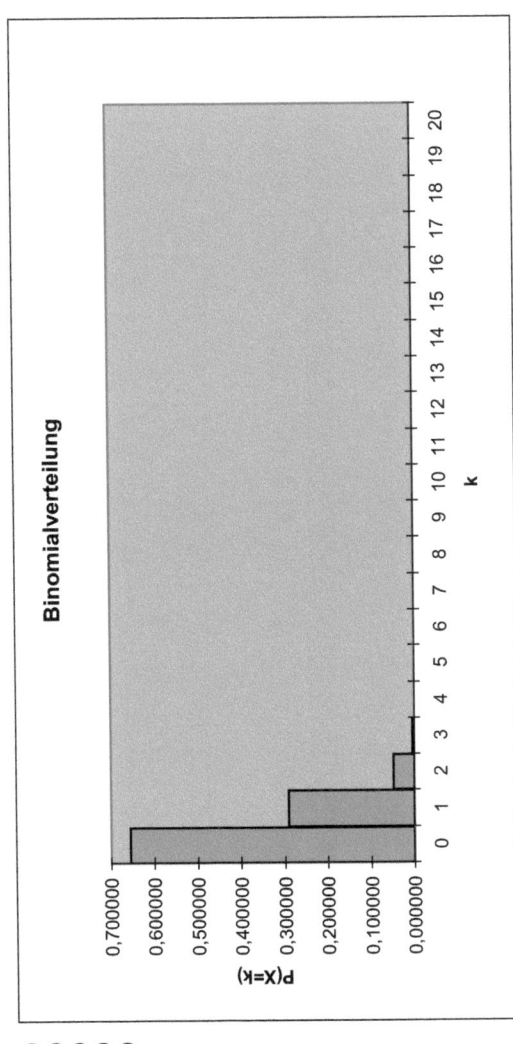

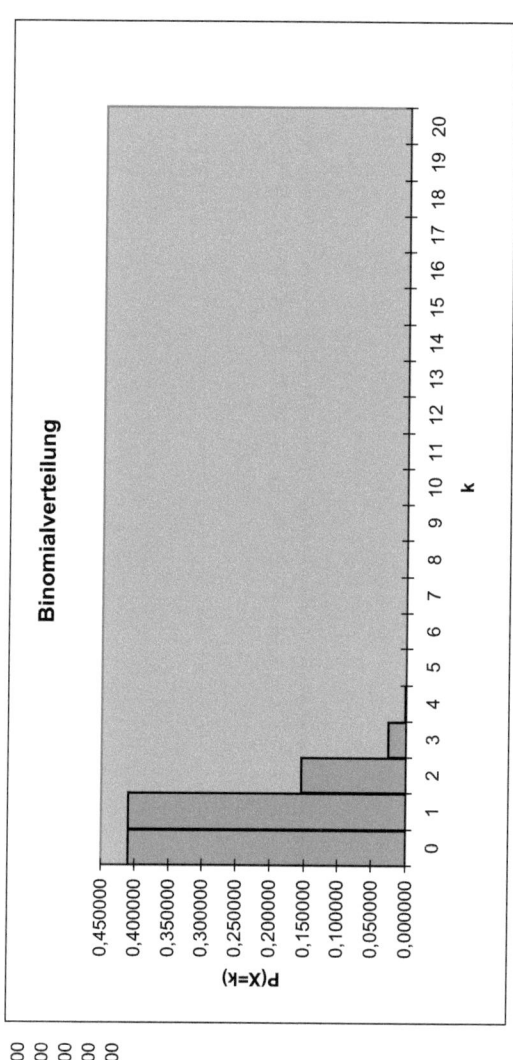

n = 4
p = 0,2

k =		
0	0,409600
1	0,409600
2	0,153600
3	0,025600
4	0,001600

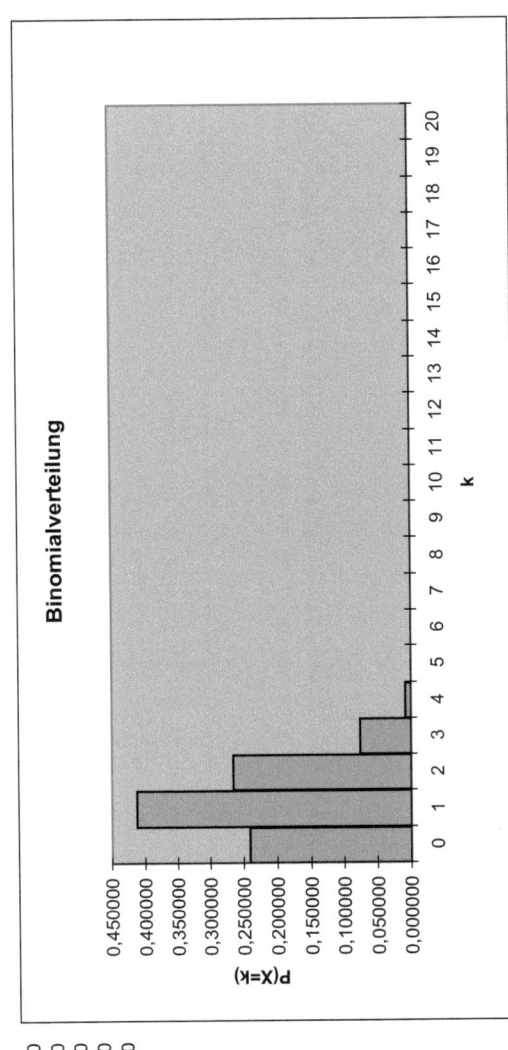

Binomialverteilung

n = 4
p = 0,3

k =	
0	0,240100
1	0,411600
2	0,264600
3	0,075600
4	0,008100

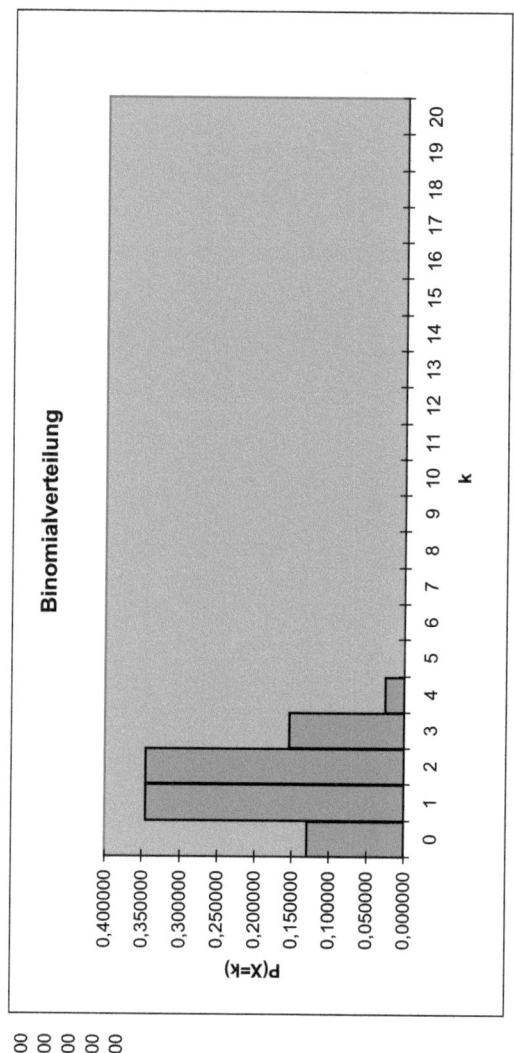

n = 4
p = 0,4

k =
0   0,129600
1   0,345600
2   0,345600
3   0,153600
4   0,025600

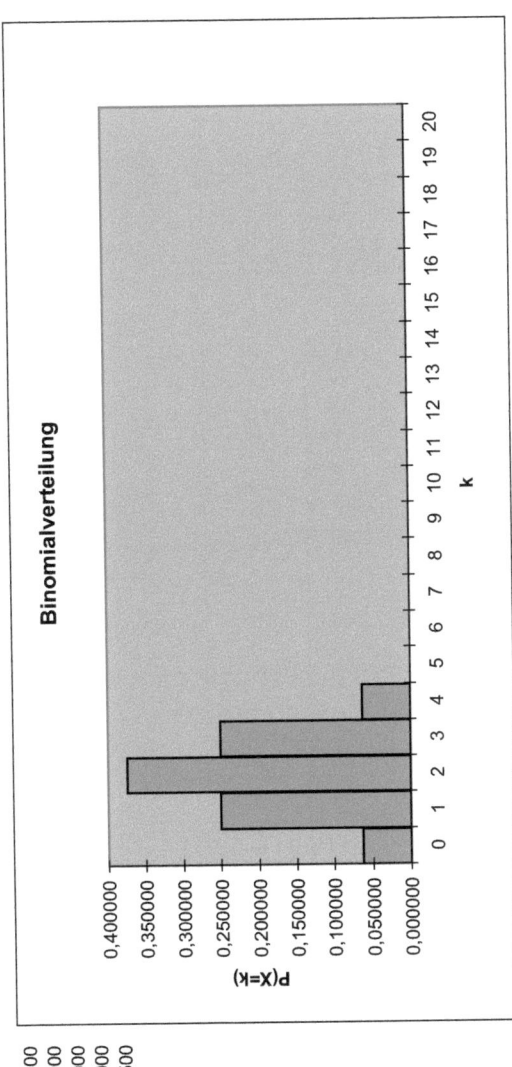

n = 4
p = 0,5

k =	
0	0,062500
1	0,250000
2	0,375000
3	0,250000
4	0,062500

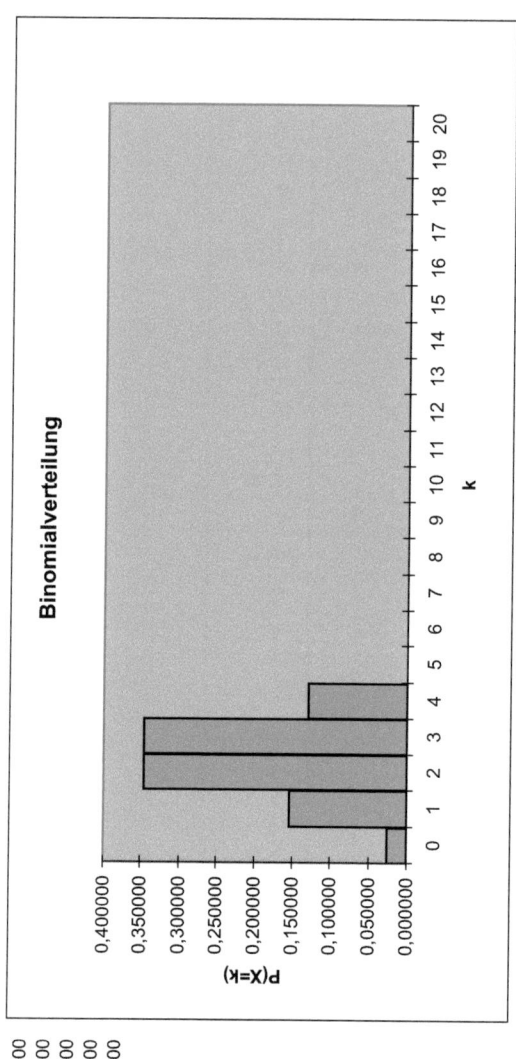

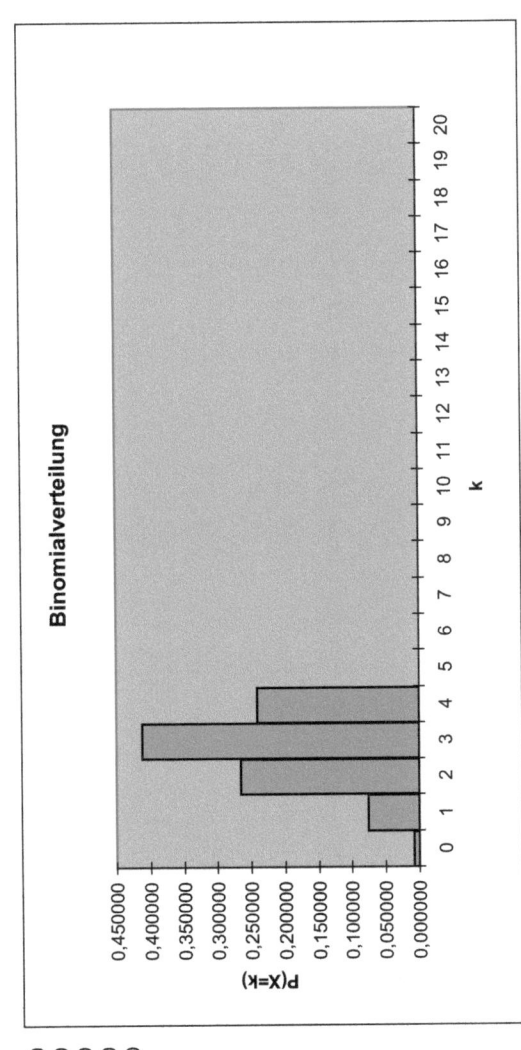

Binomialverteilung

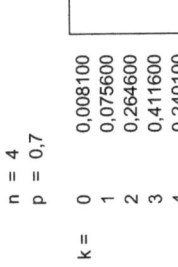

n = 4
p = 0,7

k =	
0	0,008100
1	0,075600
2	0,264600
3	0,411600
4	0,240100

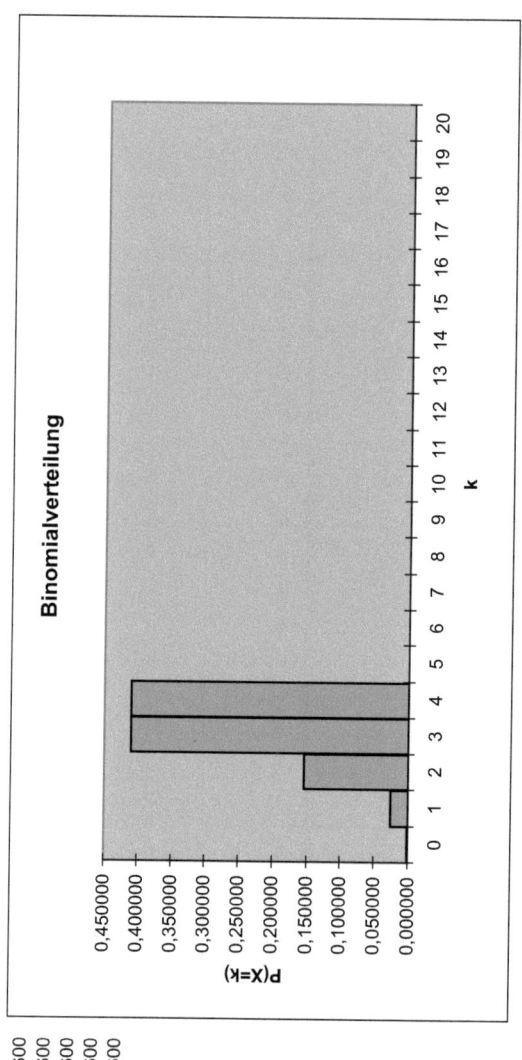

n = 4
p = 0,8

k =	
0	0,001600
1	0,025600
2	0,153600
3	0,409600
4	0,409600

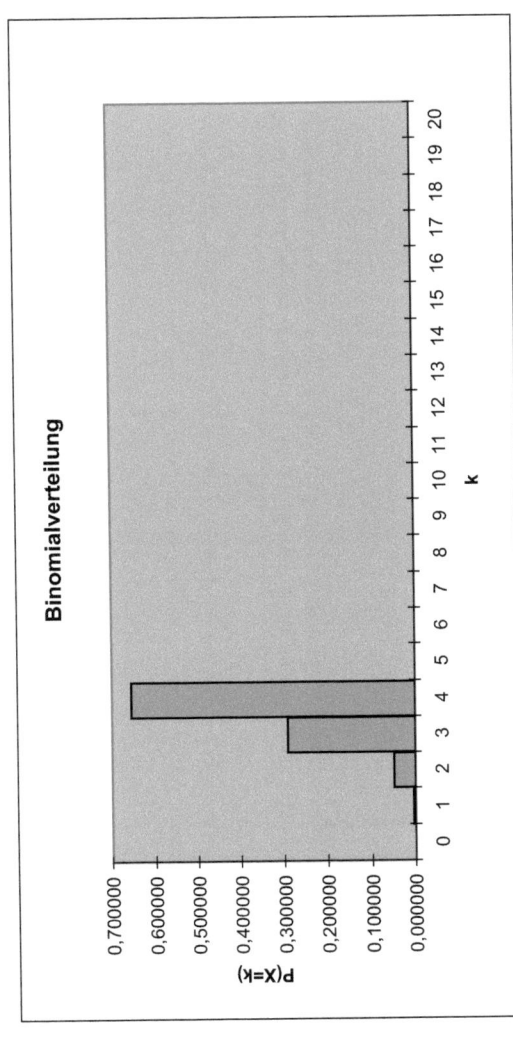

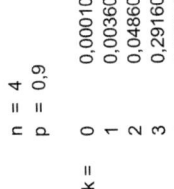

n = 4
p = 0,9

k =	
0	0,000100
1	0,003600
2	0,048600
3	0,291600
4	0,656100

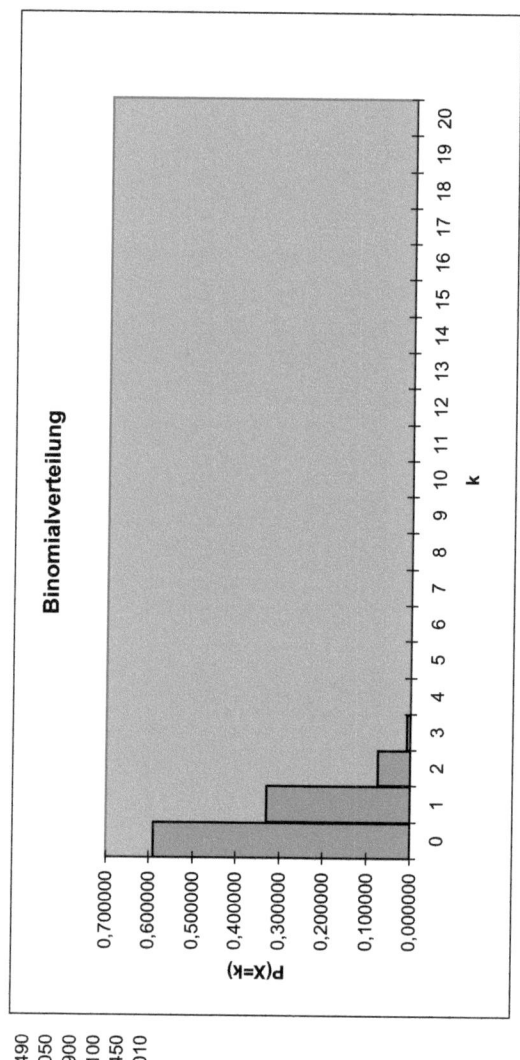

n = 5
p = 0,1

k =
0   0,590490
1   0,328050
2   0,072900
3   0,008100
4   0,000450
5   0,000010

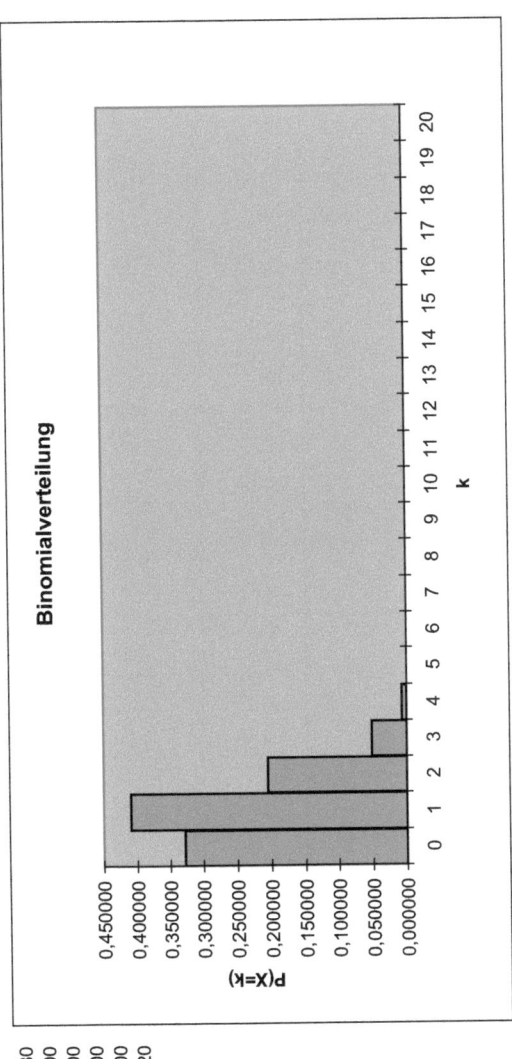

n = 5
p = 0,2

k =		
0	0,327680
1	0,409600
2	0,204800
3	0,051200
4	0,006400
5	0,000320

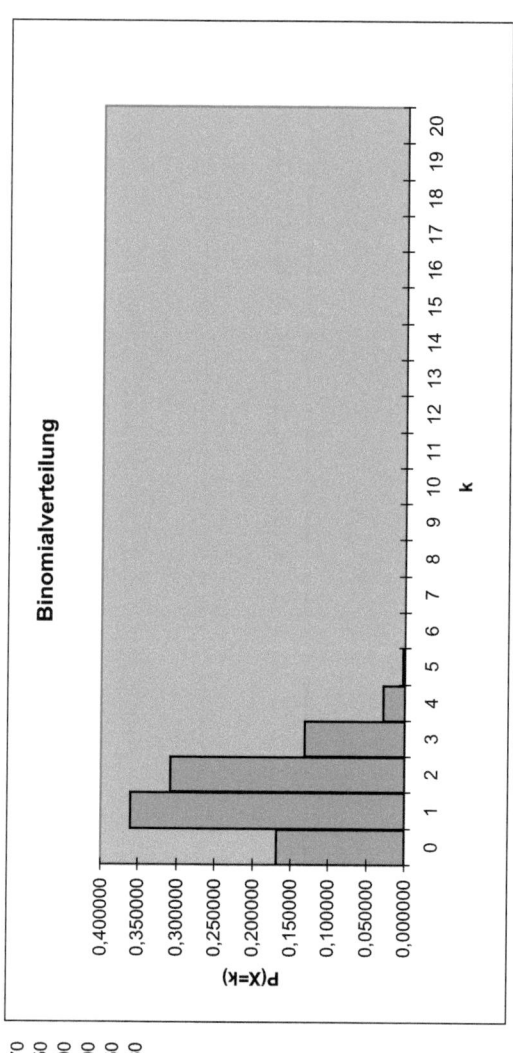

n = 5
p = 0,3

k =	
0	0,168070
1	0,360150
2	0,308700
3	0,132300
4	0,028350
5	0,002430

Binomialverteilung

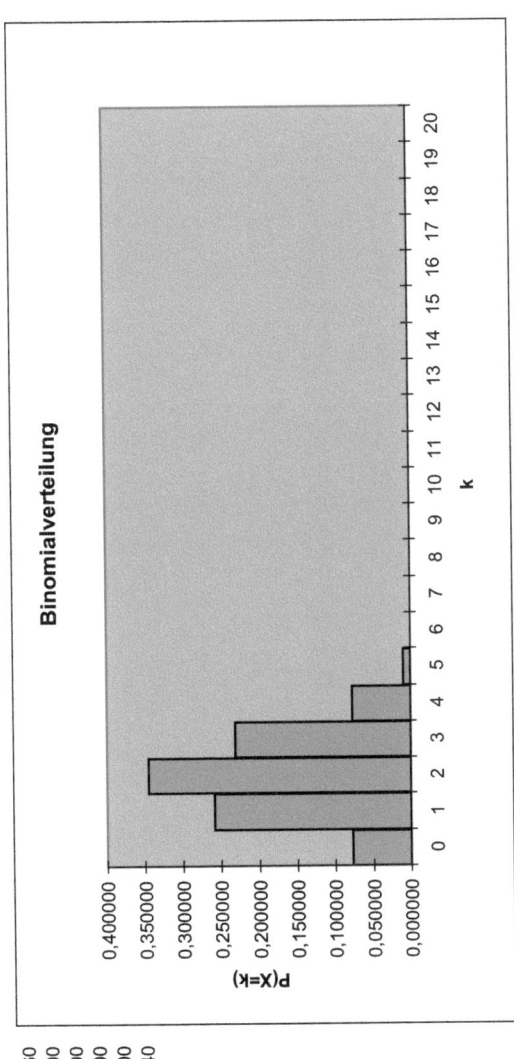

n = 5
p = 0,4

k =		
0	0,077760
1	0,259200
2	0,345600
3	0,230400
4	0,076800
5	0,010240

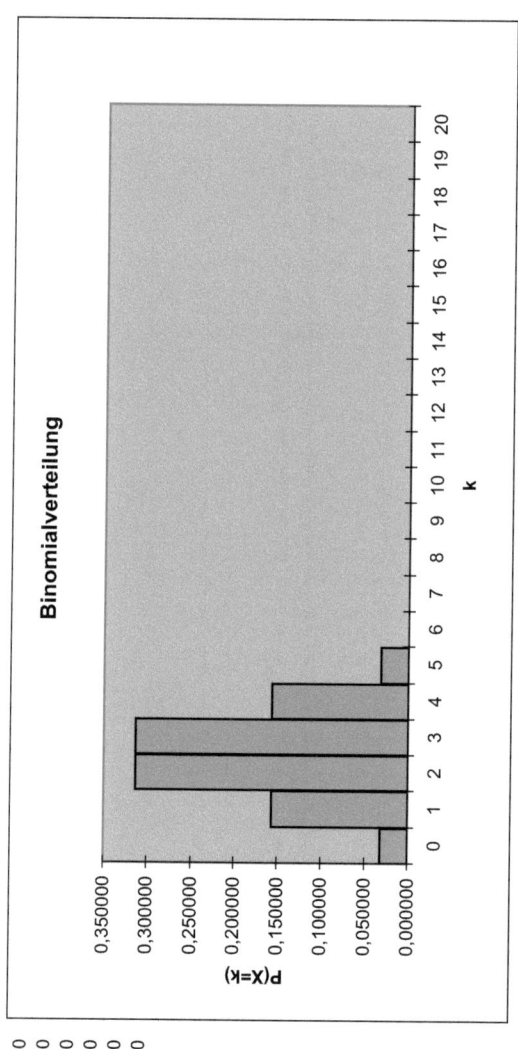

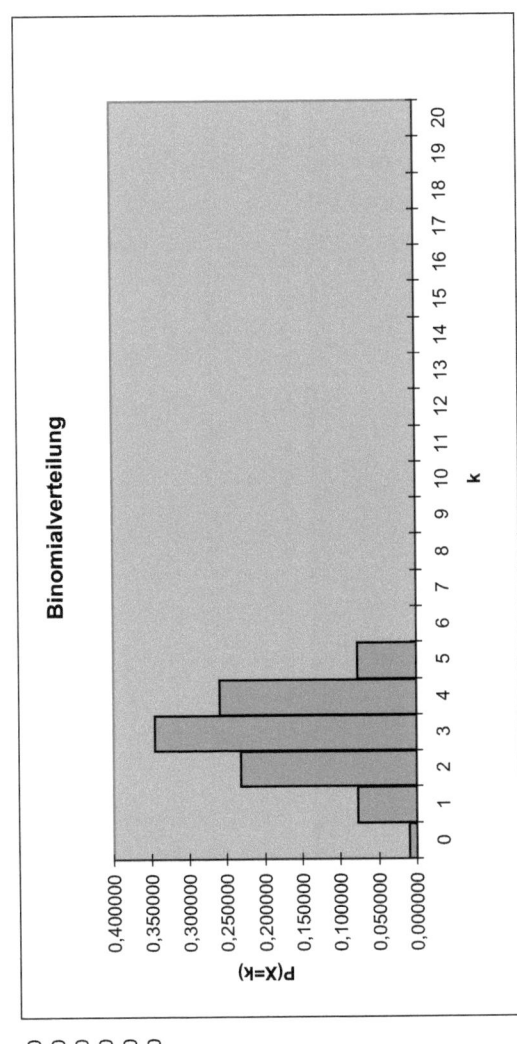

n = 5
p = 0,6

k =	
0	0,010240
1	0,076800
2	0,230400
3	0,345600
4	0,259200
5	0,077760

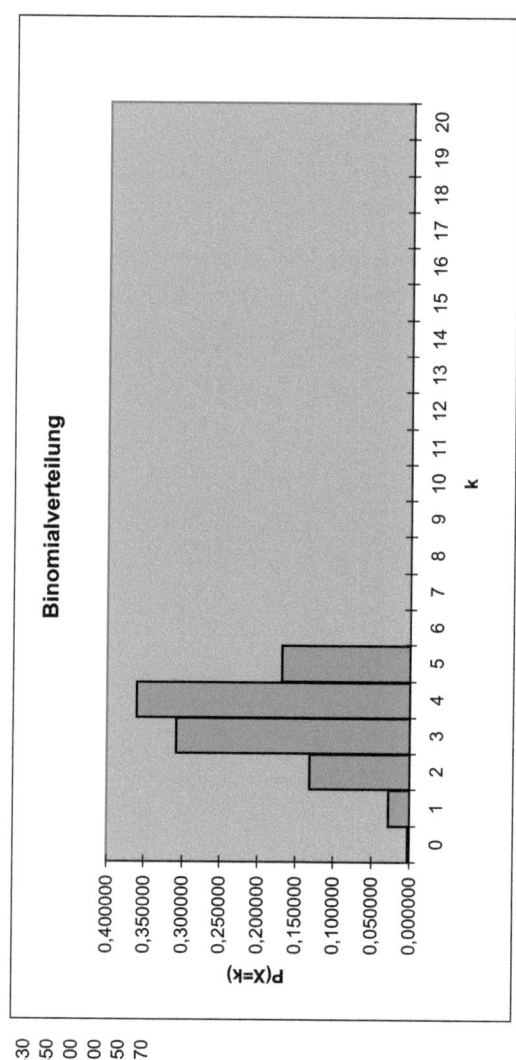

n = 5
p = 0,7

k = 0   0,002430
     1   0,028350
     2   0,132300
     3   0,308700
     4   0,360150
     5   0,168070

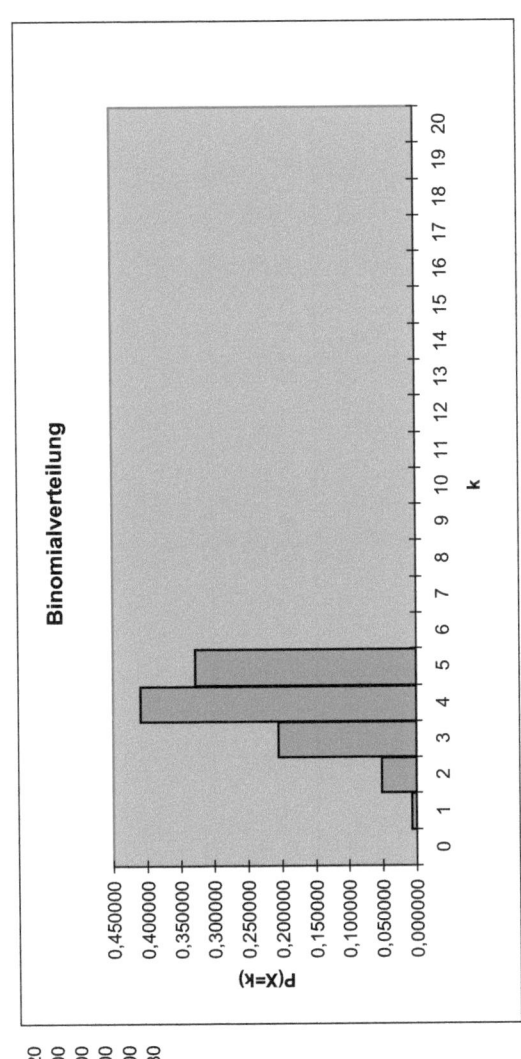

n = 5
p = 0,8

k =	
0	0,000320
1	0,006400
2	0,051200
3	0,204800
4	0,409600
5	0,327680

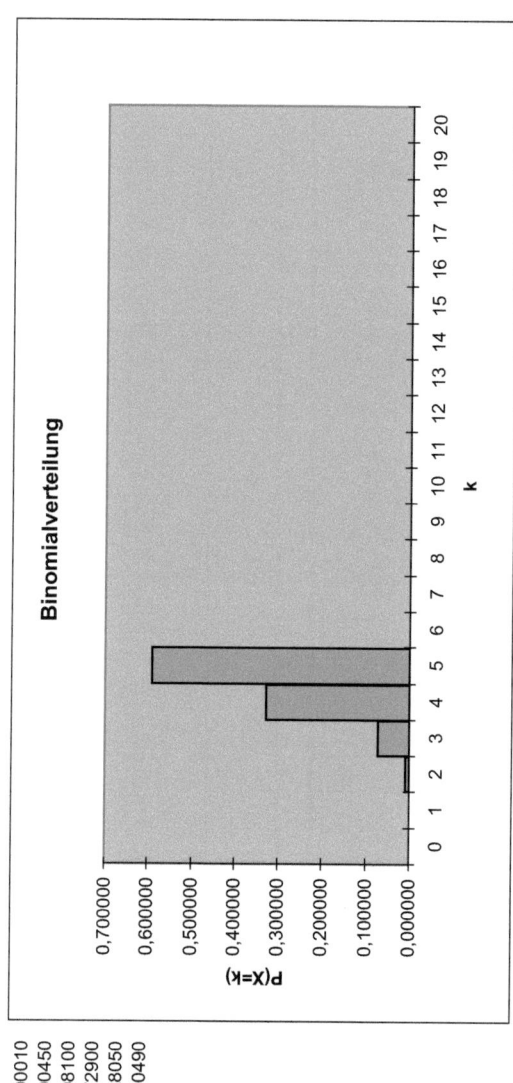

Binomialverteilung

n = 5
p = 0,9

k =	
0	0,000010
1	0,000450
2	0,008100
3	0,072900
4	0,328050
5	0,590490

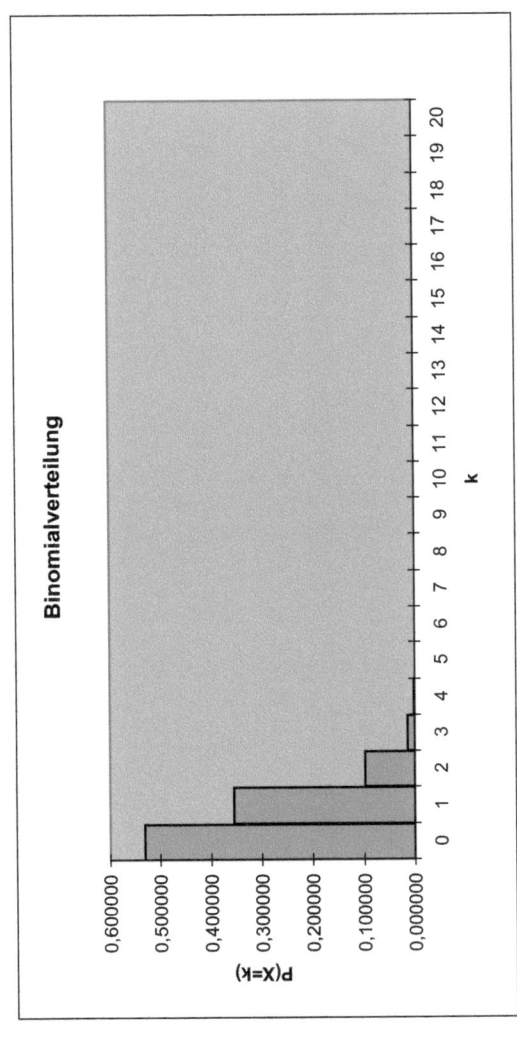

Binomialverteilung

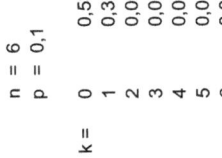

n = 6
p = 0,1

k =		
0	0,531441
1	0,354294
2	0,098415
3	0,014580
4	0,001215
5	0,000054
6	0,000001

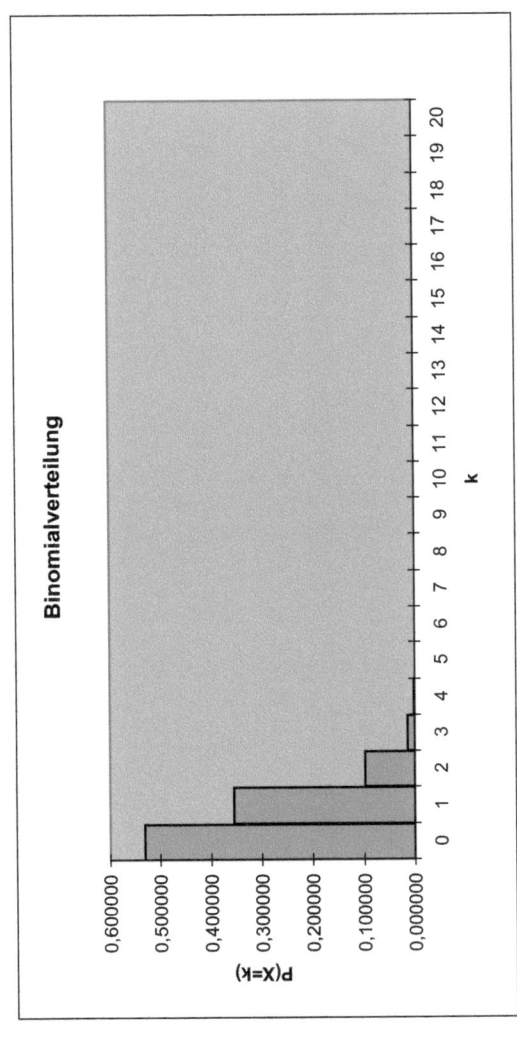

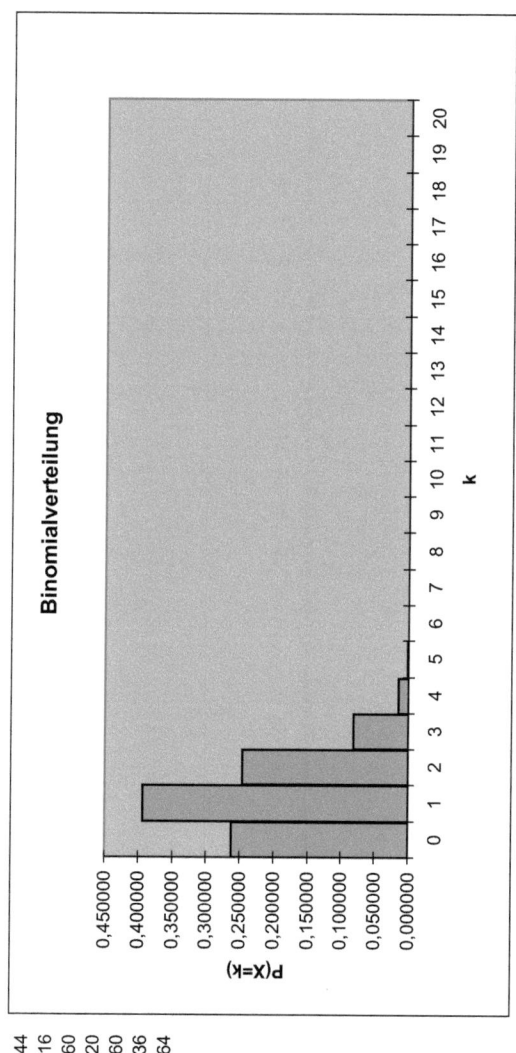

Binomialverteilung

n = 6
p = 0,2

k =	
0	0,262144
1	0,393216
2	0,245760
3	0,081920
4	0,015360
5	0,001536
6	0,000064

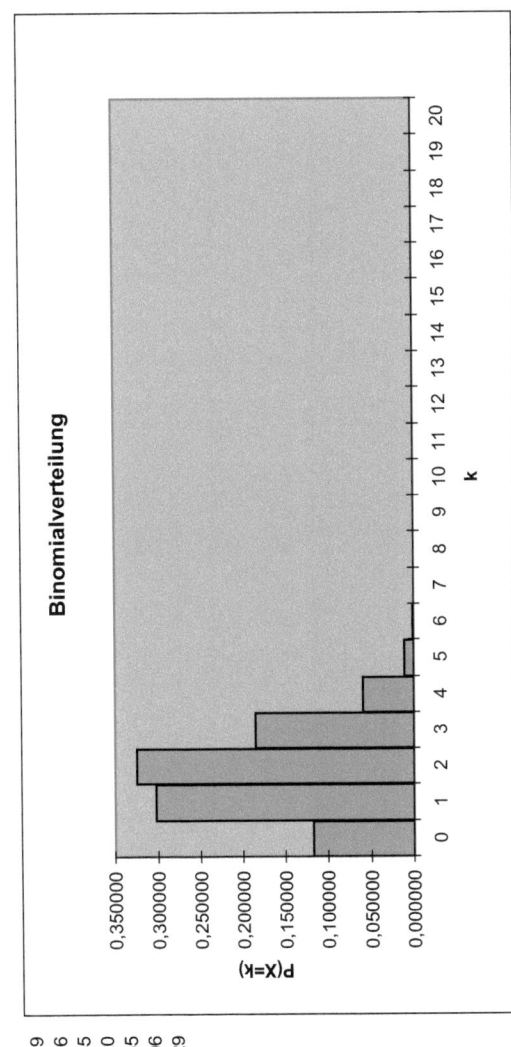

n = 6
p = 0,3

k =
0   0,117649
1   0,302526
2   0,324135
3   0,185220
4   0,059535
5   0,010206
6   0,000729

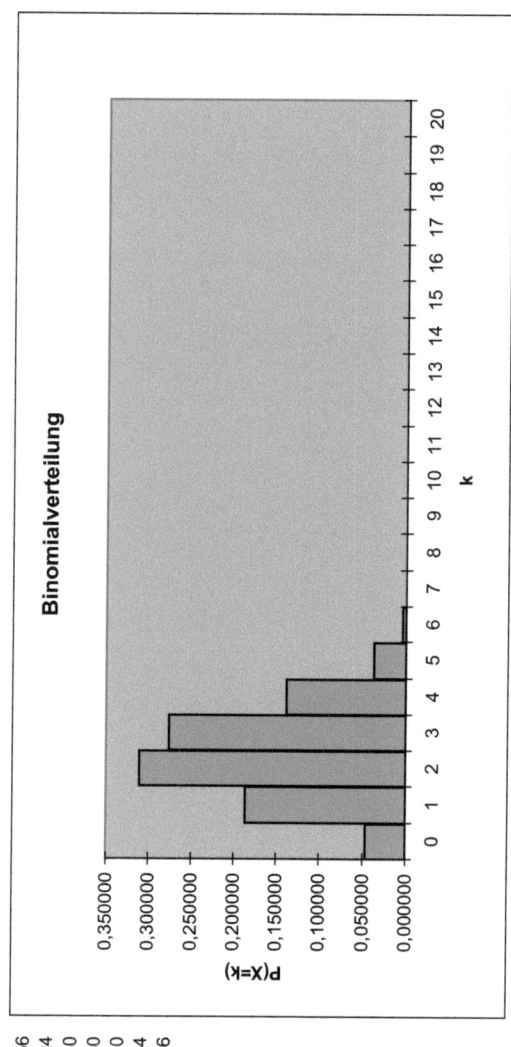

n = 6
p = 0,4

k =
0   0,046656
1   0,186624
2   0,311040
3   0,276480
4   0,138240
5   0,036864
6   0,004096

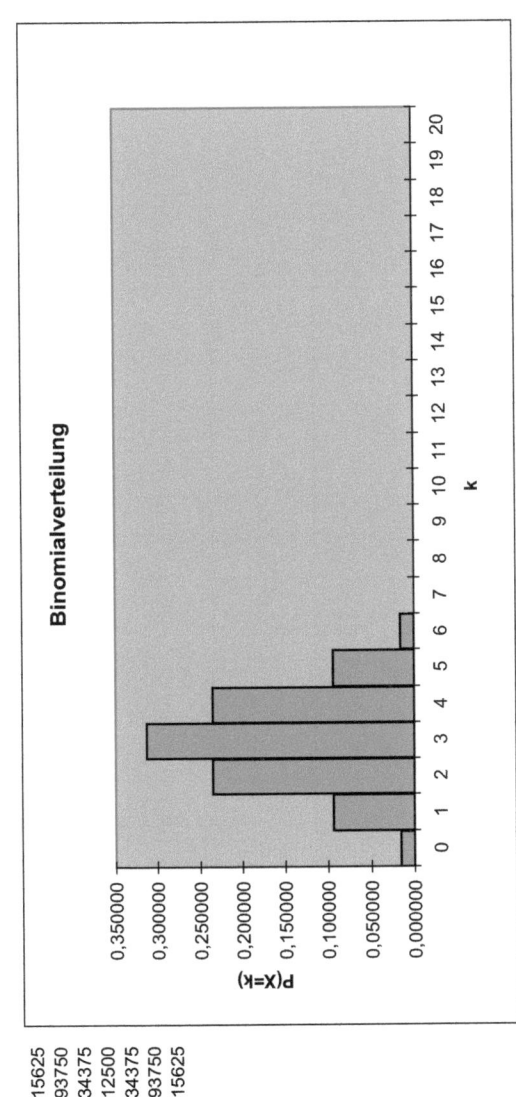

n = 6
p = 0,5

k =	
0	0,015625
1	0,093750
2	0,234375
3	0,312500
4	0,234375
5	0,093750
6	0,015625

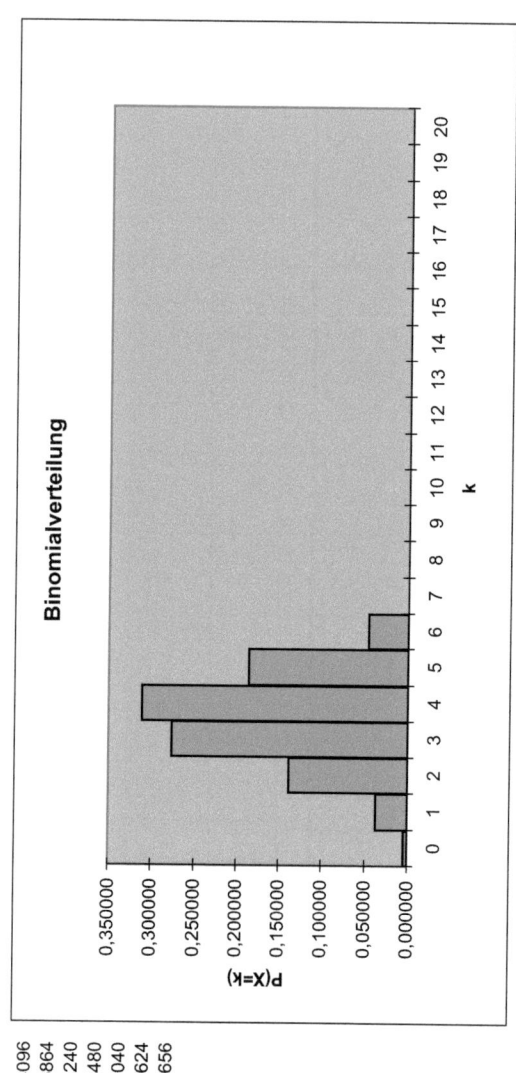

Binomialverteilung

n = 6
p = 0,6

k =	
0	0,004096
1	0,036864
2	0,138240
3	0,276480
4	0,311040
5	0,186624
6	0,046656

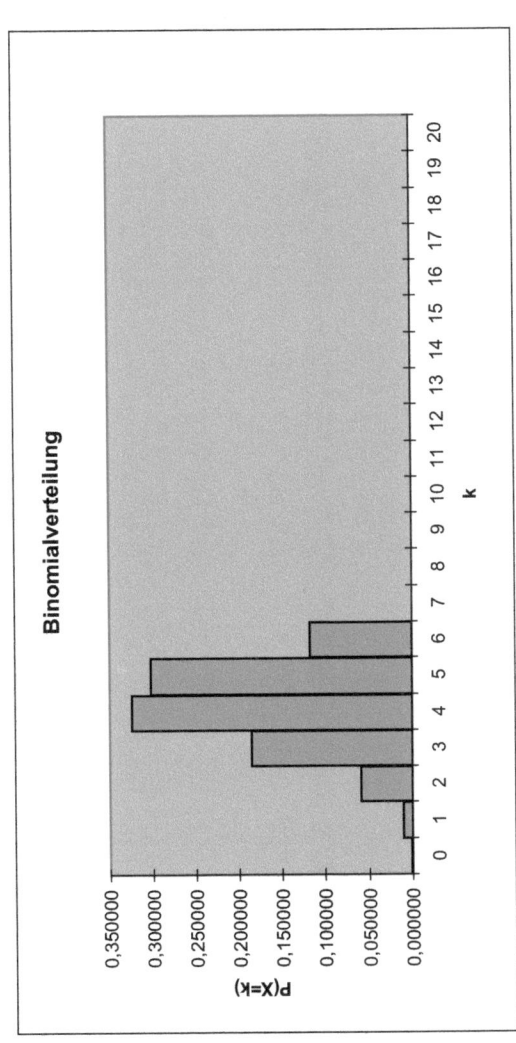

n = 6
p = 0,7

k =		
	0	0,000729
	1	0,010206
	2	0,059535
	3	0,185220
	4	0,324135
	5	0,302526
	6	0,117649

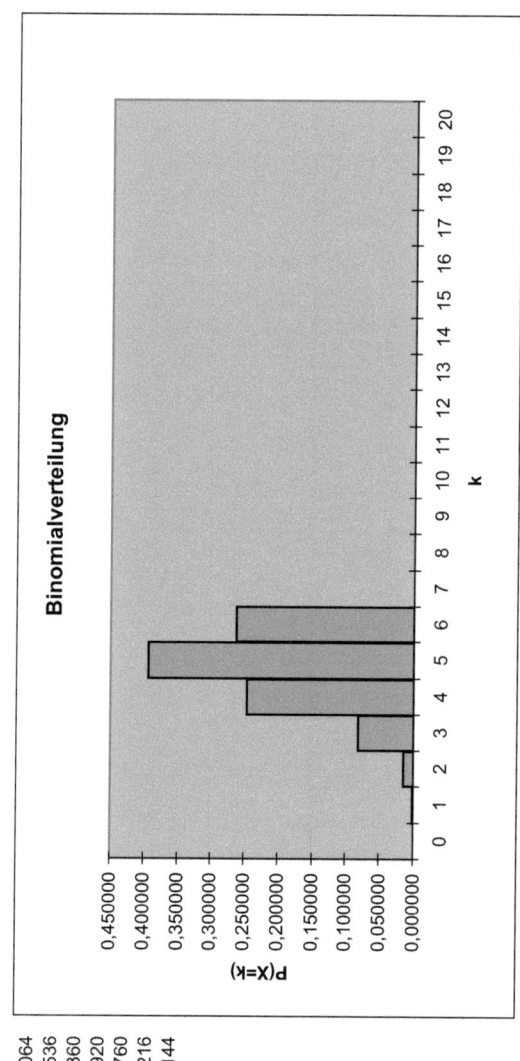

Binomialverteilung

n = 6
p = 0,8

k =		
0	0,000064
1	0,001536
2	0,015360
3	0,081920
4	0,245760
5	0,393216
6	0,262144

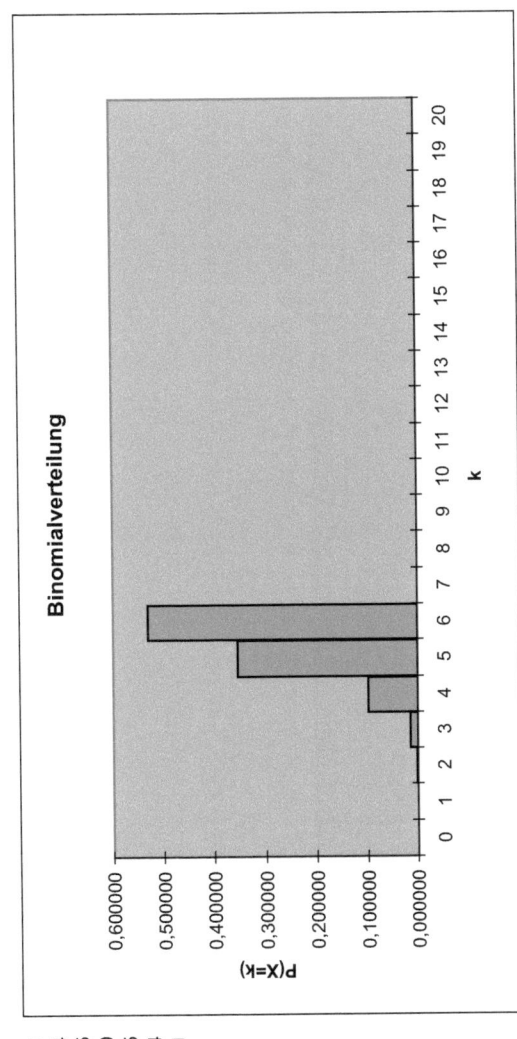

n = 6
p = 0,9

k = | 0 | 0,000001
     | 1 | 0,000054
     | 2 | 0,001215
     | 3 | 0,014580
     | 4 | 0,098415
     | 5 | 0,354294
     | 6 | 0,531441

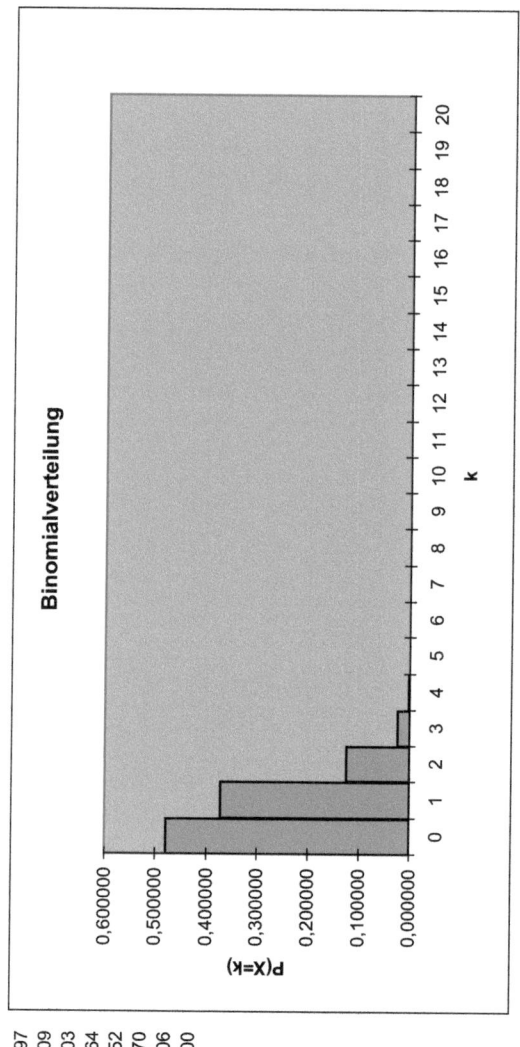

n = 7
p = 0,1

k =

0	0,478297
1	0,372009
2	0,124003
3	0,022964
4	0,002552
5	0,000170
6	0,000006
7	0,000000

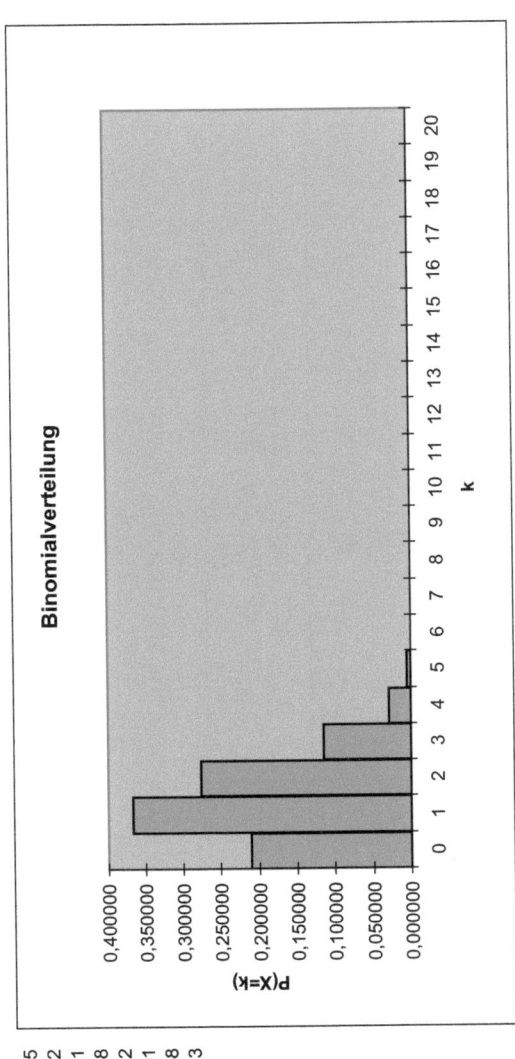

n = 7
p = 0,2

k =		
	0	0,209715
	1	0,367002
	2	0,275251
	3	0,114688
	4	0,028672
	5	0,004301
	6	0,000358
	7	0,000013

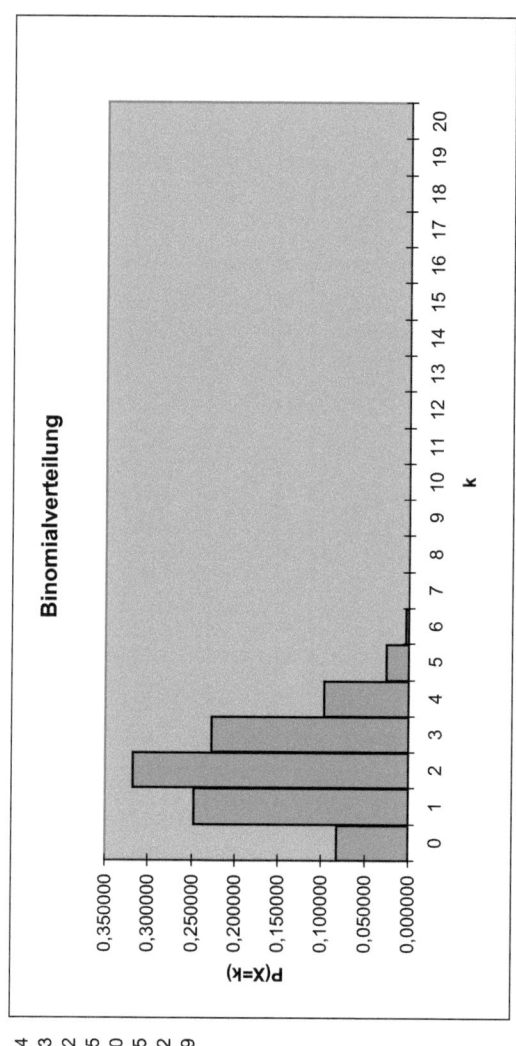

n = 7
p = 0,3

k =	
0	0,082354
1	0,247063
2	0,317652
3	0,226895
4	0,097240
5	0,025005
6	0,003572
7	0,000219

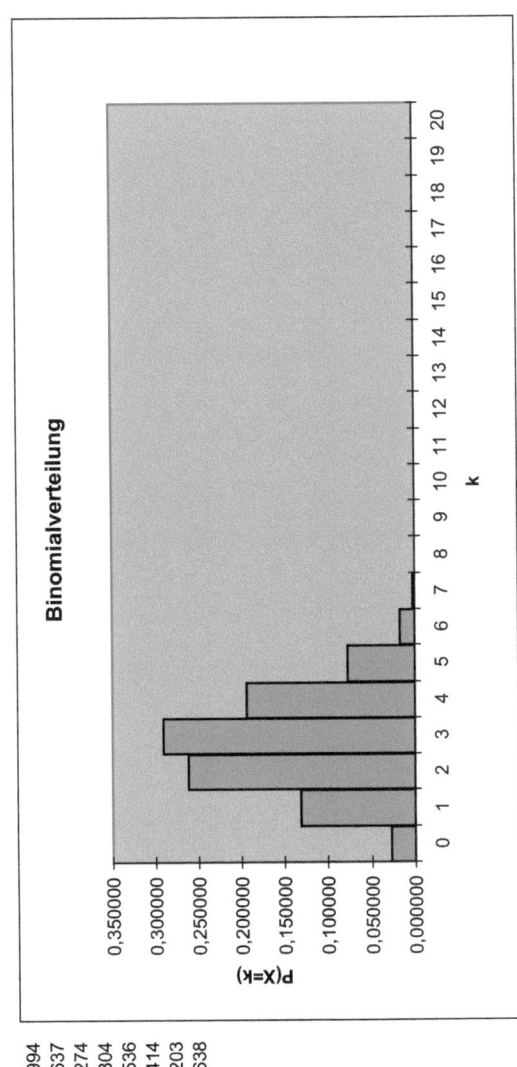

n = 7
p = 0,4

k =		
0	0,027994
1	0,130637
2	0,261274
3	0,290304
4	0,193536
5	0,077414
6	0,017203
7	0,001638

n = 7
p = 0,5

k =		
	0	0,007813
	1	0,054688
	2	0,164063
	3	0,273438
	4	0,273438
	5	0,164063
	6	0,054688
	7	0,007813

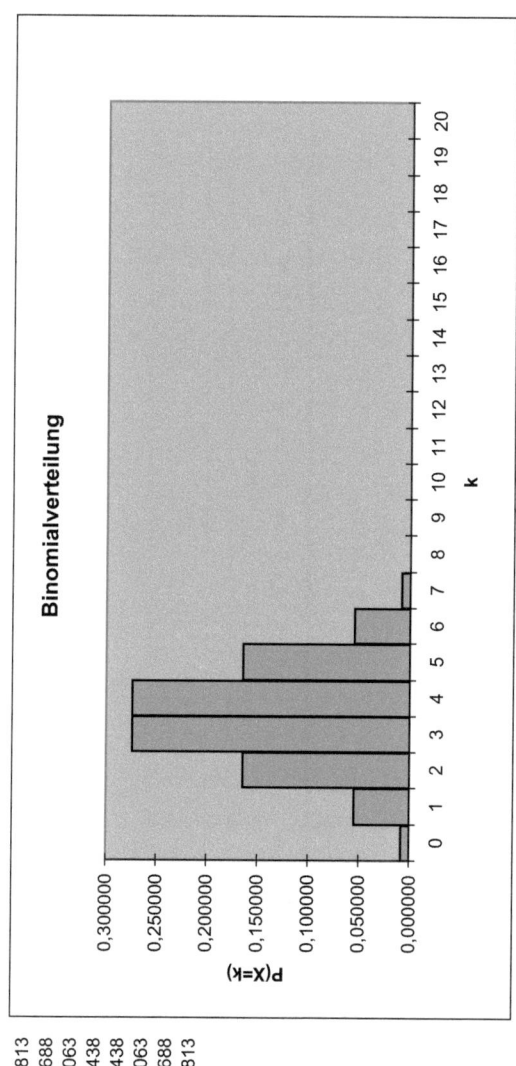

Binomialverteilung

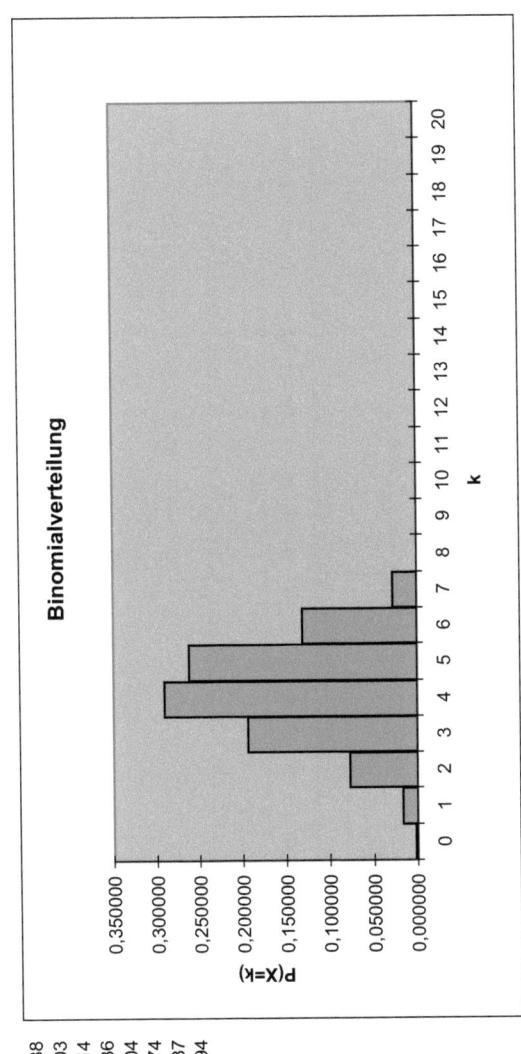

n = 7
p = 0,6

k =	
0	0,001638
1	0,017203
2	0,077414
3	0,193536
4	0,290304
5	0,261274
6	0,130637
7	0,027994

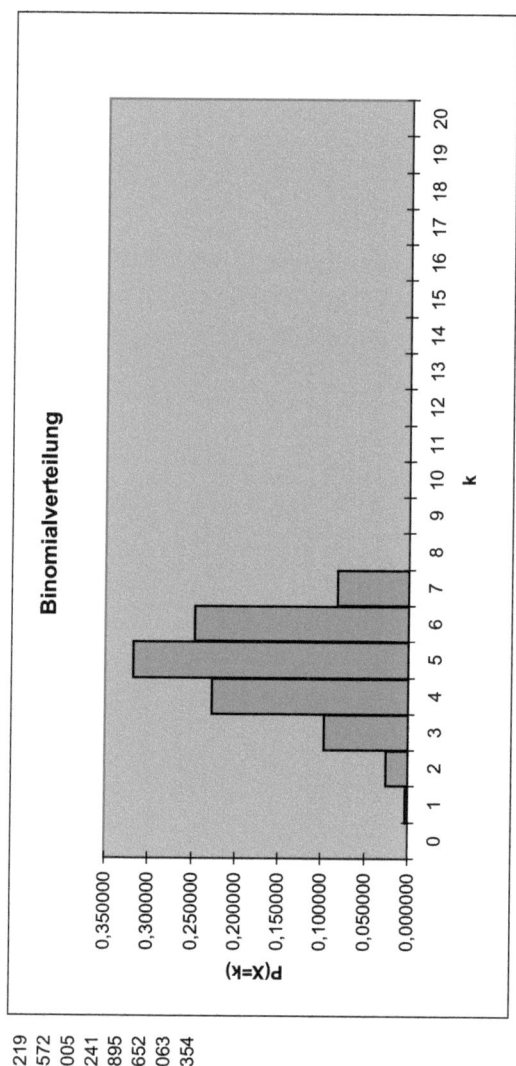

n = 7
p = 0,7

k =		
0	0,000219
1	0,003572
2	0,025005
3	0,097241
4	0,226895
5	0,317652
6	0,247063
7	0,082354

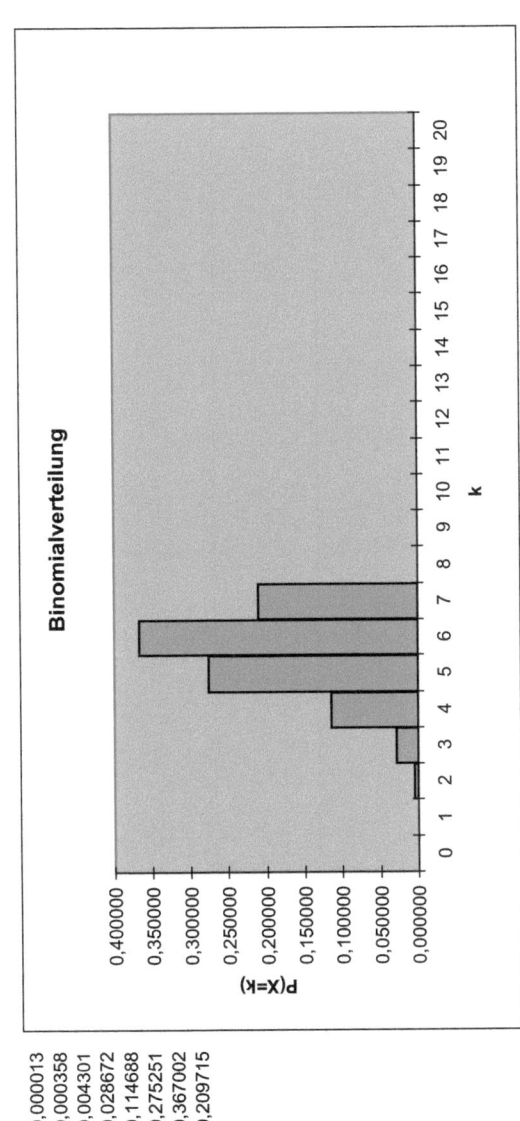

n = 7
p = 0,8

k =

0	0,000013
1	0,000358
2	0,004301
3	0,028672
4	0,114688
5	0,275251
6	0,367002
7	0,209715

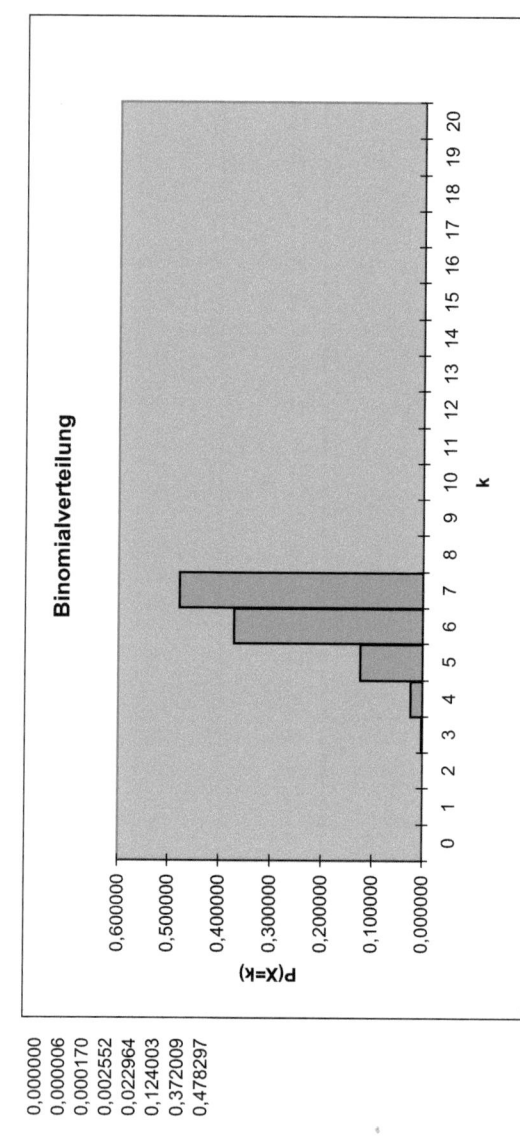

n = 7
p = 0,9

k =	
0	0,000000
1	0,000006
2	0,000170
3	0,002552
4	0,022964
5	0,124003
6	0,372009
7	0,478297

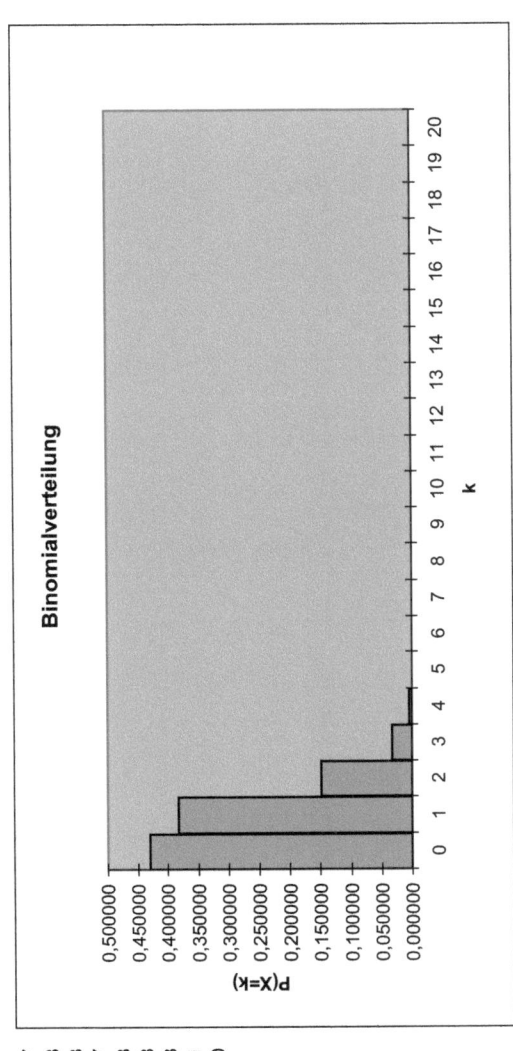

n = 8
p = 0,1

k =	
0	0,430467
1	0,382638
2	0,148803
3	0,033067
4	0,004593
5	0,000408
6	0,000023
7	0,000001
8	0,000000

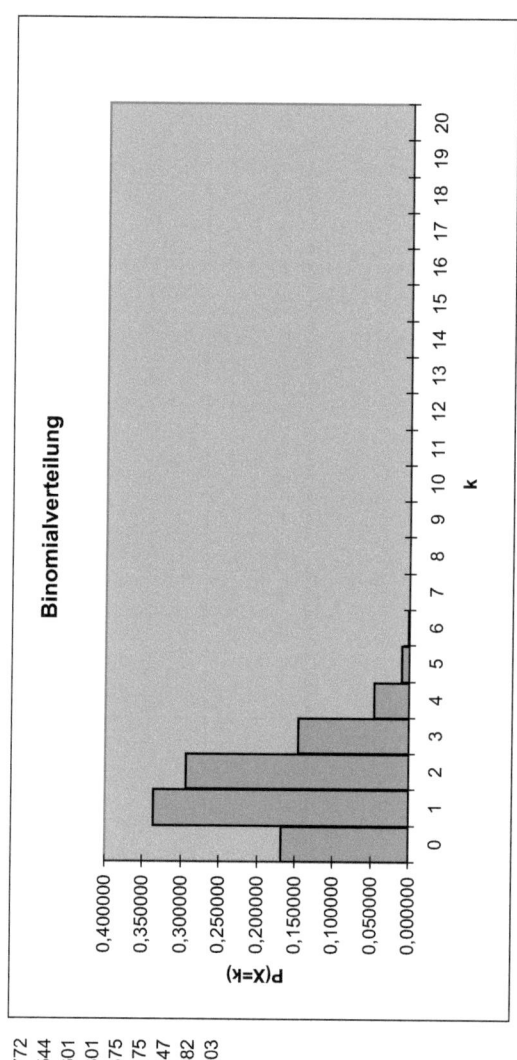

n = 8
p = 0,2

k =	
0	0,167772
1	0,335544
2	0,293601
3	0,146801
4	0,045875
5	0,009175
6	0,001147
7	0,000082
8	0,000003

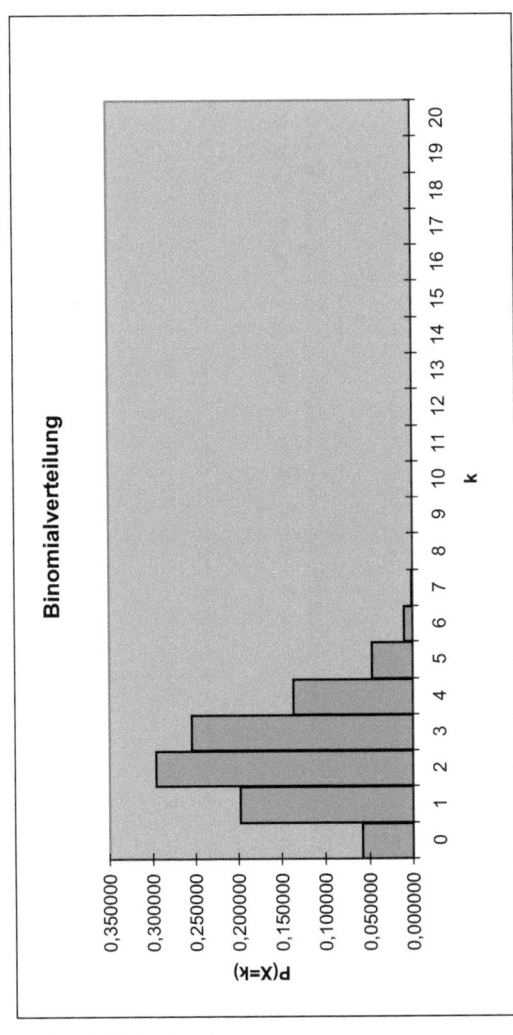

n = 8
p = 0,3

k =

0	0,057648
1	0,197650
2	0,296475
3	0,254122
4	0,136137
5	0,046675
6	0,010002
7	0,001225
8	0,000066

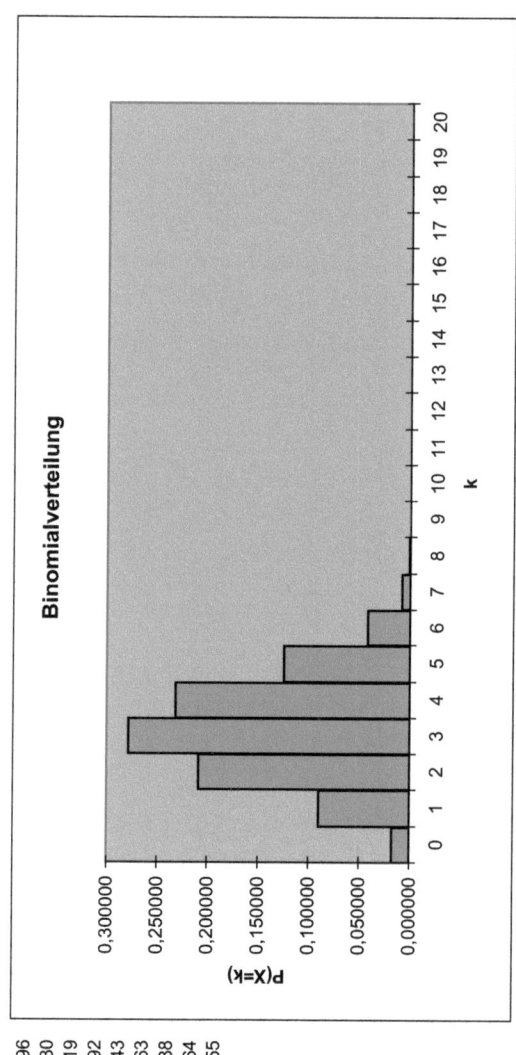

Binomialverteilung

n = 8
p = 0,4

k =

k	P(X=k)
0	0,016796
1	0,089580
2	0,209019
3	0,278692
4	0,232243
5	0,123863
6	0,041288
7	0,007864
8	0,000655

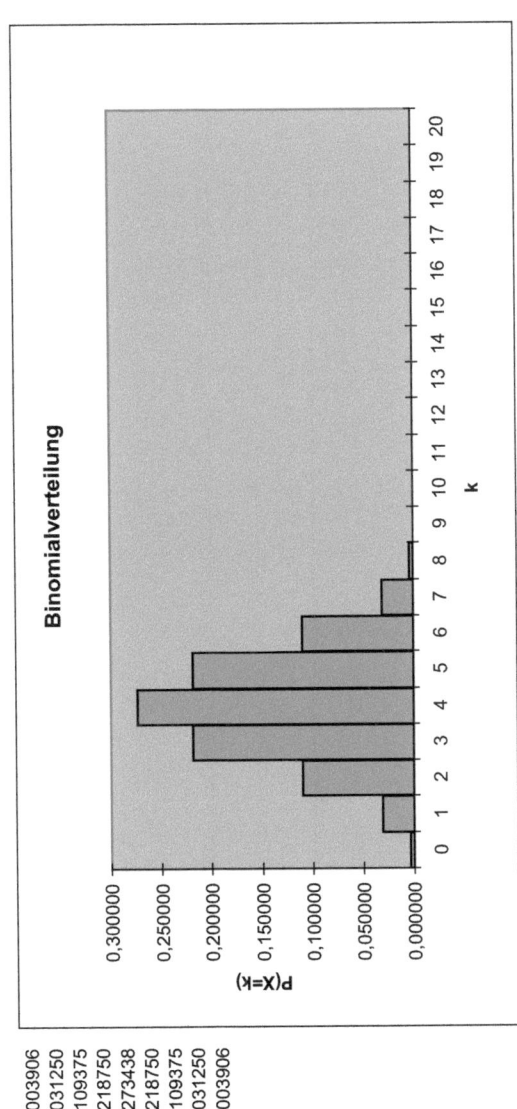

Binomialverteilung

n = 8
p = 0,5

k =
0   0,003906
1   0,031250
2   0,109375
3   0,218750
4   0,273438
5   0,218750
6   0,109375
7   0,031250
8   0,003906

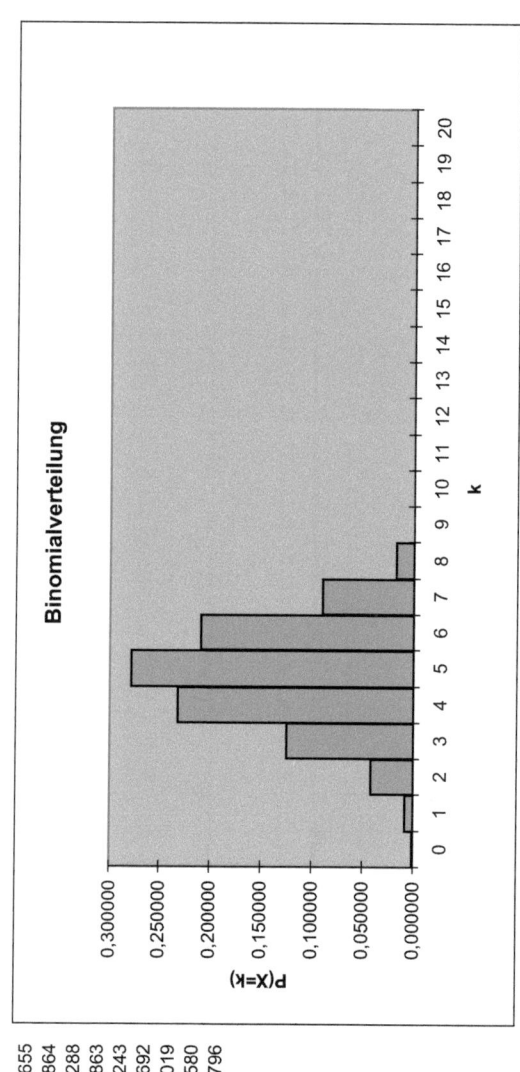

n = 8	
p = 0,6	
k =	
0	0,000655
1	0,007864
2	0,041288
3	0,123863
4	0,232243
5	0,278692
6	0,209019
7	0,089580
8	0,016796

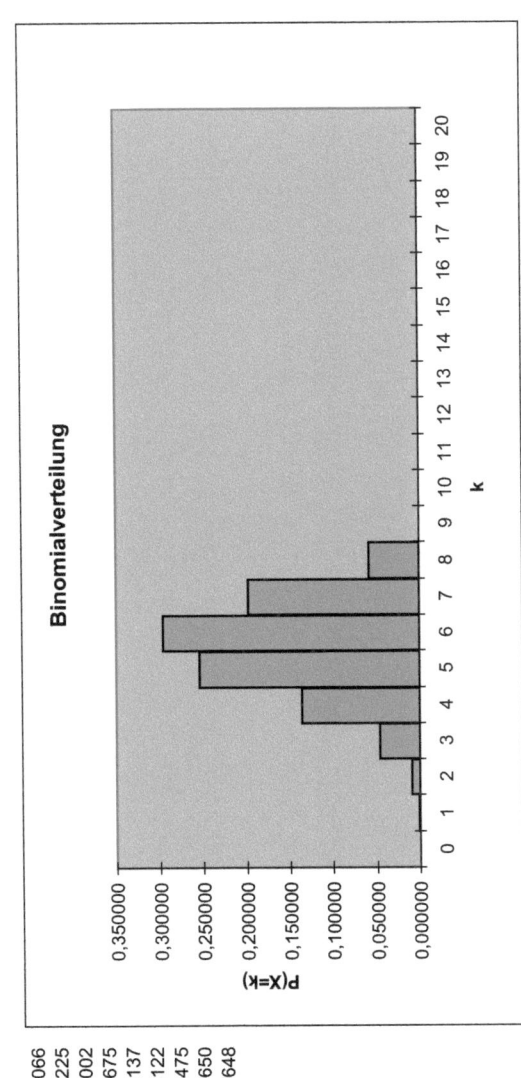

n = 8
p = 0,7

k =	
0	0,000066
1	0,001225
2	0,010002
3	0,046675
4	0,136137
5	0,254122
6	0,296475
7	0,197650
8	0,057648

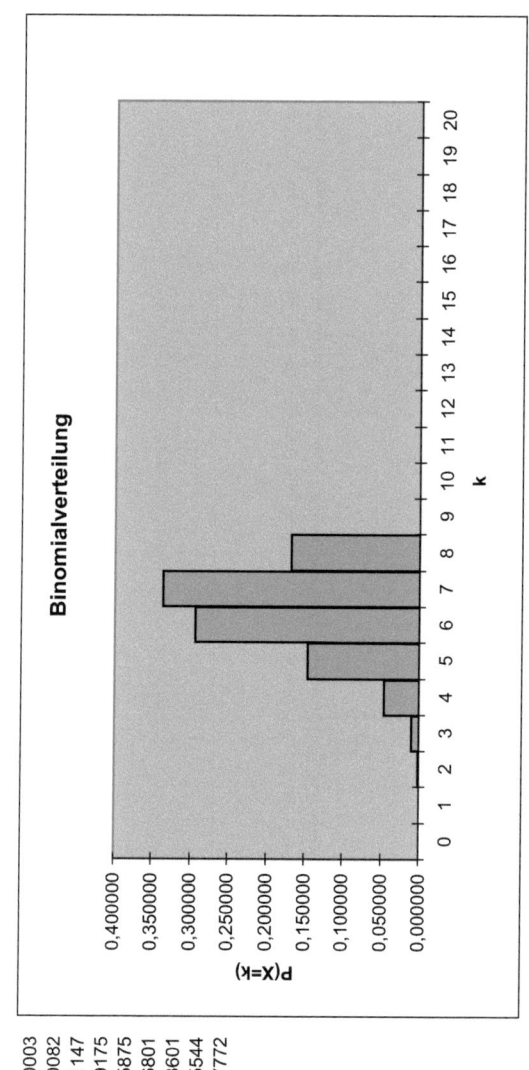

n = 8
p = 0,8

k =	
0	0,000003
1	0,000082
2	0,001147
3	0,009175
4	0,045875
5	0,146801
6	0,293601
7	0,335544
8	0,167772

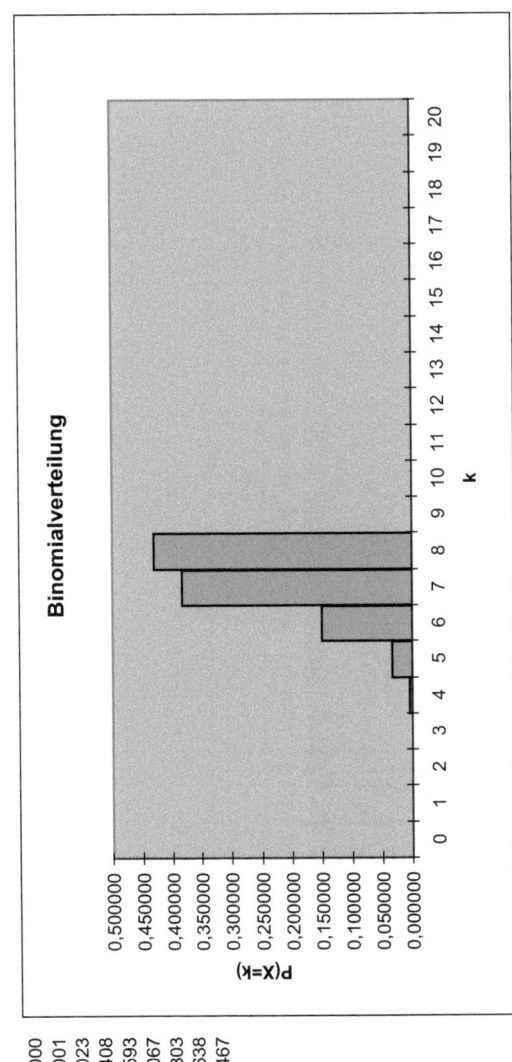

Binomialverteilung

n = 8
p = 0,9

k =		
	0	0,000000
	1	0,000001
	2	0,000023
	3	0,000408
	4	0,004593
	5	0,033067
	6	0,148803
	7	0,382638
	8	0,430467

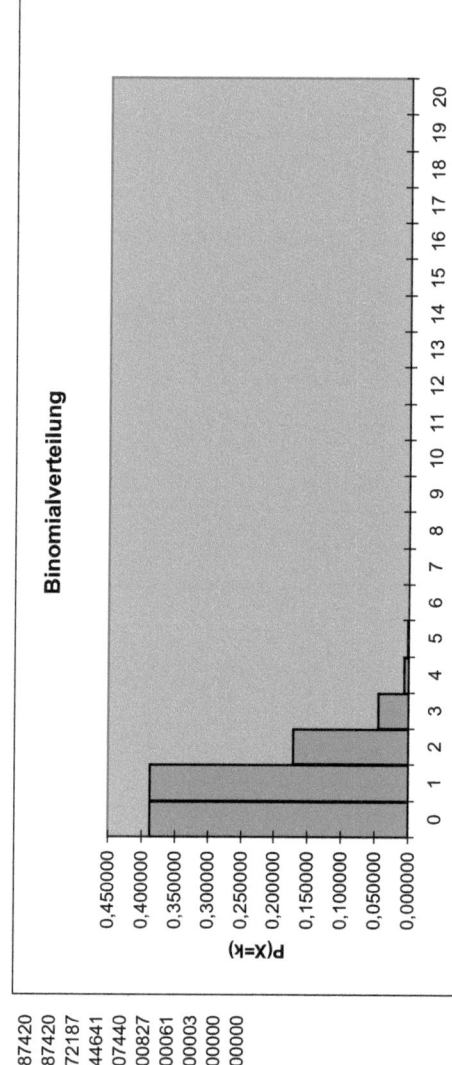

n = 9
p = 0,1

k =	
0	0,387420
1	0,387420
2	0,172187
3	0,044641
4	0,007440
5	0,000827
6	0,000061
7	0,000003
8	0,000000
9	0,000000

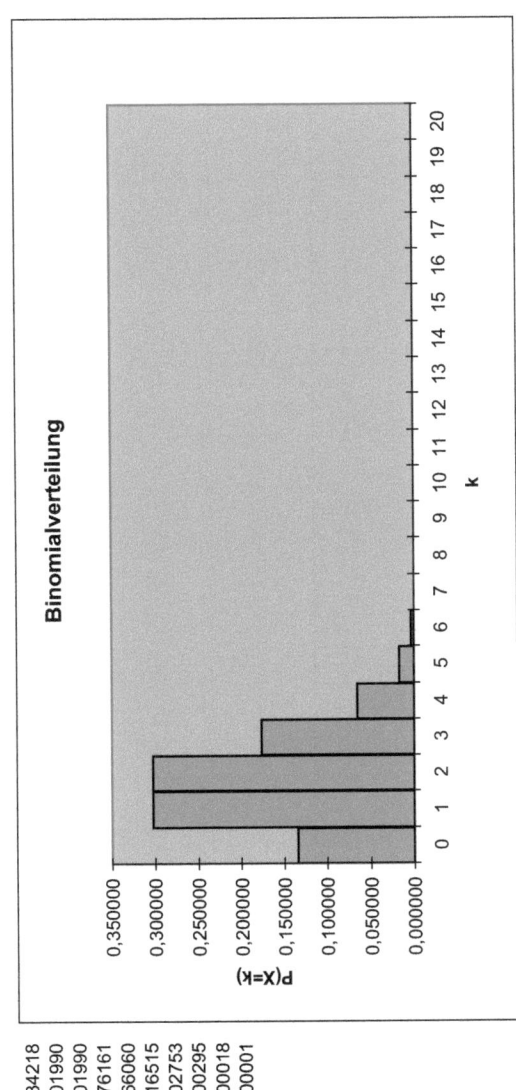

n = 9
p = 0,2

k =
0   0,134218
1   0,301990
2   0,301990
3   0,176161
4   0,066060
5   0,016515
6   0,002753
7   0,000295
8   0,000018
9   0,000001

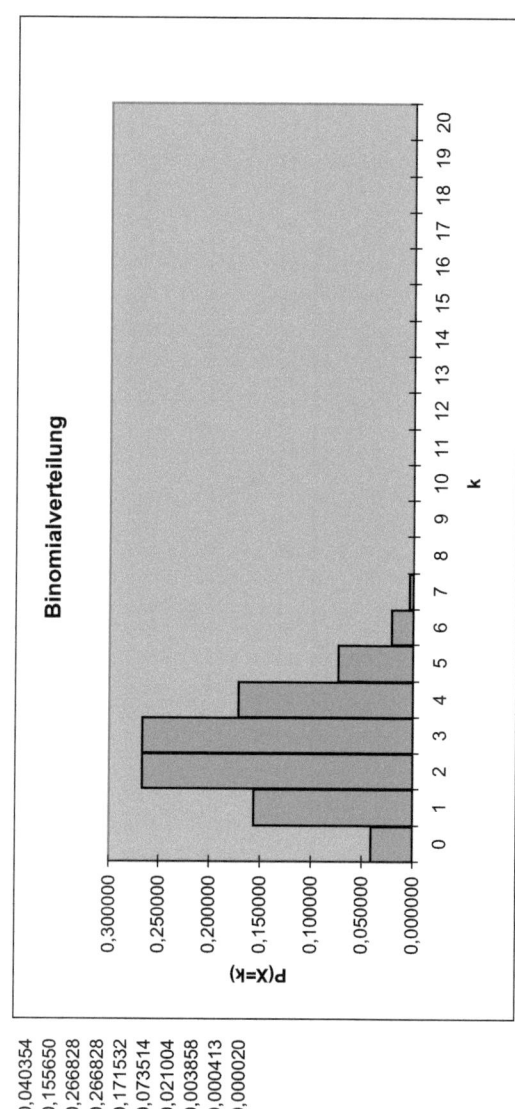

n = 9
p = 0,3

k =	
0	0,040354
1	0,155650
2	0,266828
3	0,266828
4	0,171532
5	0,073514
6	0,021004
7	0,003858
8	0,000413
9	0,000020

Binomialverteilung

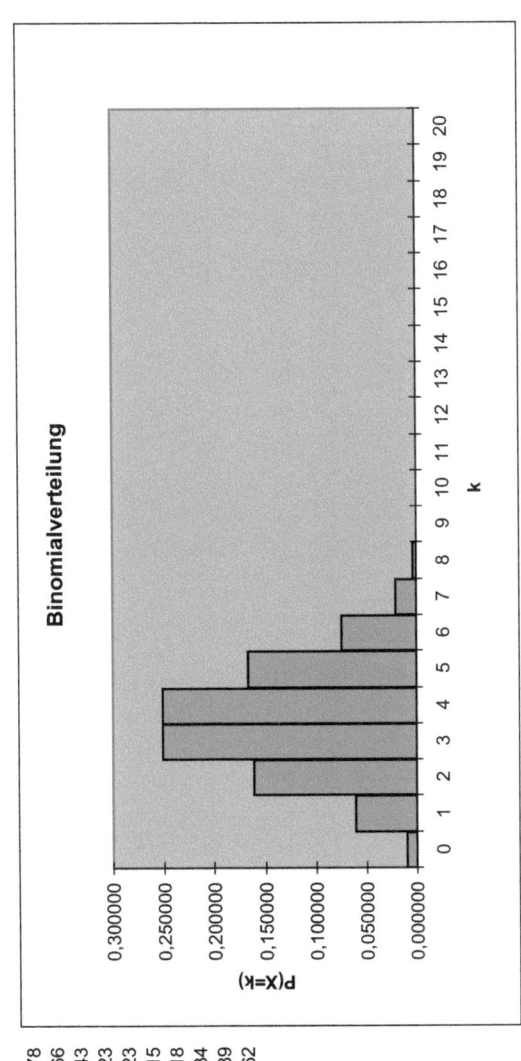

n = 9
p = 0,4

k =	
0	0,010078
1	0,060466
2	0,161243
3	0,250823
4	0,250823
5	0,167215
6	0,074318
7	0,021234
8	0,003539
9	0,000262

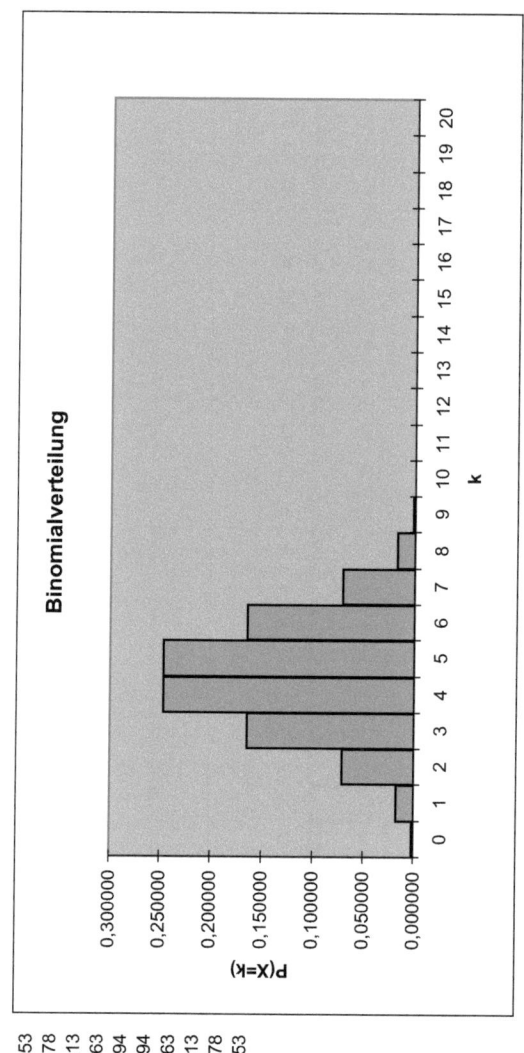

n = 9
p = 0,5

k =	
0	0,001953
1	0,017578
2	0,070313
3	0,164063
4	0,246094
5	0,246094
6	0,164063
7	0,070313
8	0,017578
9	0,001953

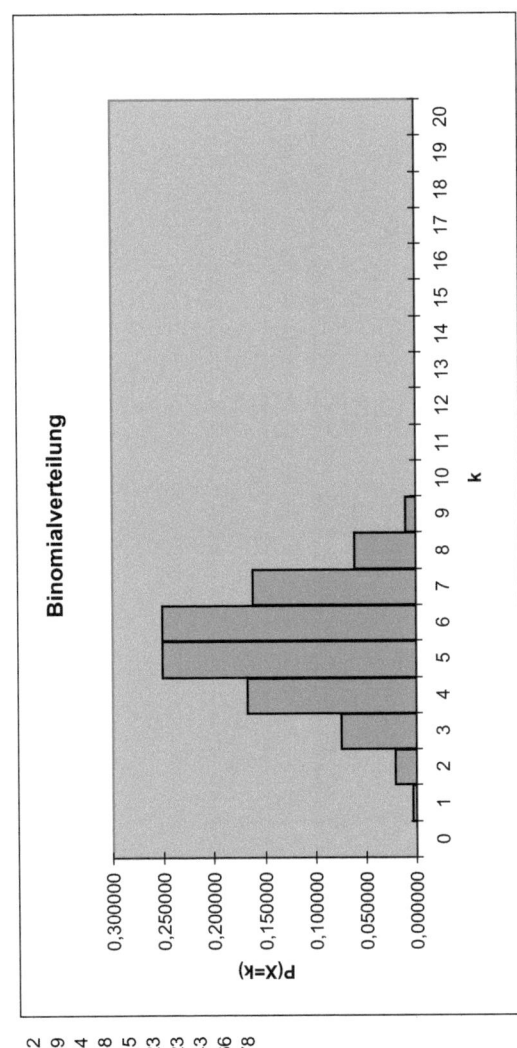

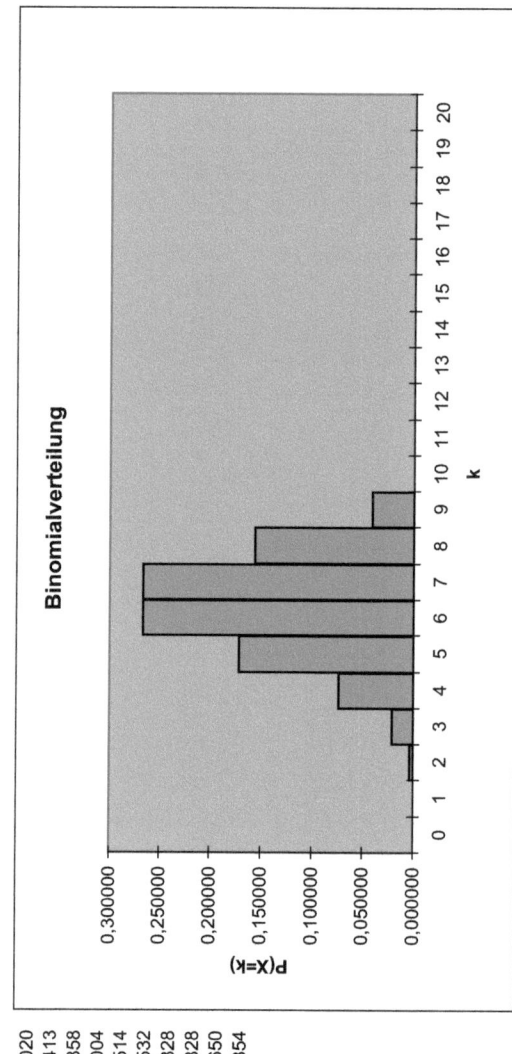

n = 9
p = 0,7

k =

k	P(X=k)
0	0,000020
1	0,000413
2	0,003858
3	0,021004
4	0,073514
5	0,171532
6	0,266828
7	0,266828
8	0,155650
9	0,040354

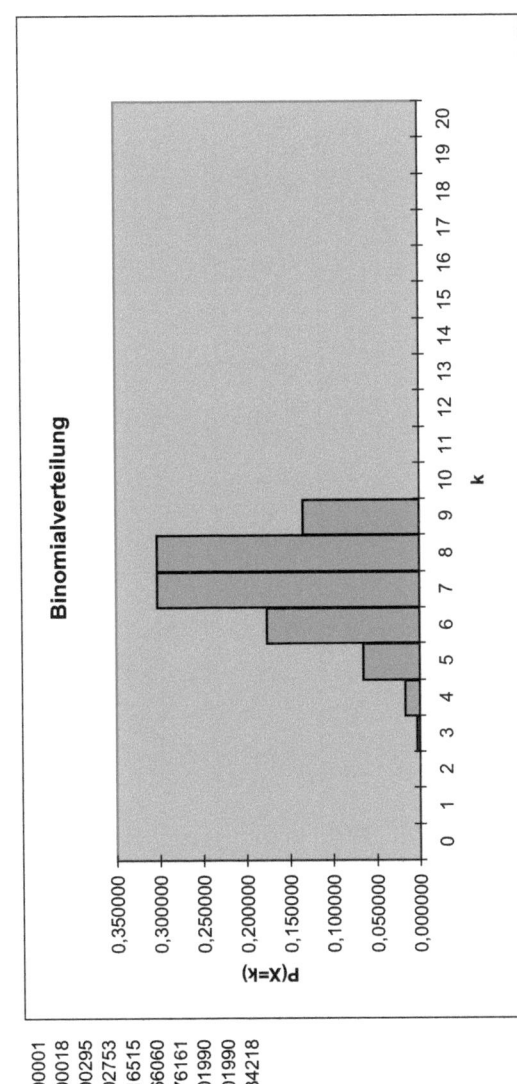

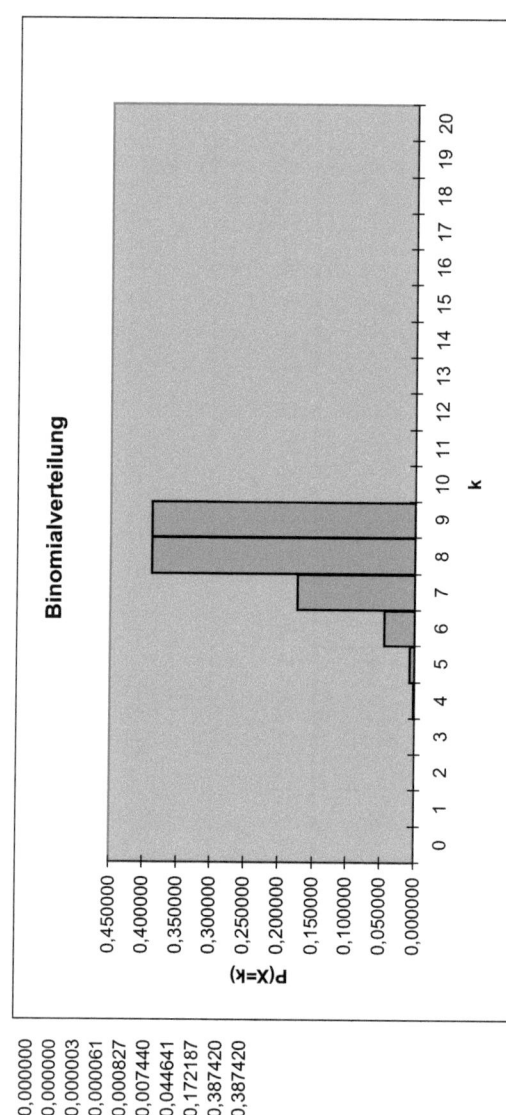

n = 9
p = 0,9

k =	
0	0,000000
1	0,000000
2	0,000003
3	0,000061
4	0,000827
5	0,007440
6	0,044641
7	0,172187
8	0,387420
9	0,387420

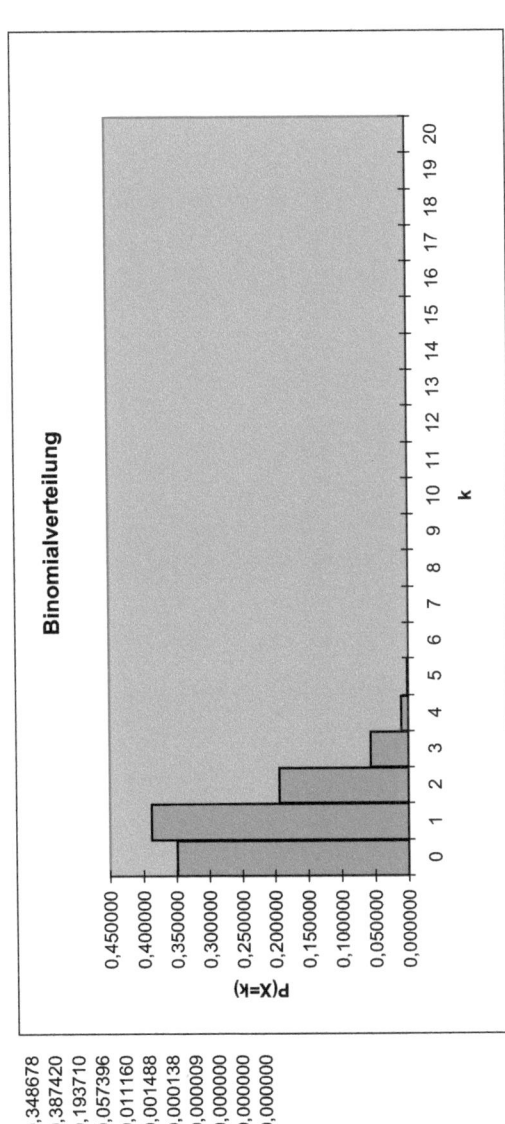

n = 10
p = 0,1

k =
0   0,348678
1   0,387420
2   0,193710
3   0,057396
4   0,011160
5   0,001488
6   0,000138
7   0,000009
8   0,000000
9   0,000000
10 0,000000

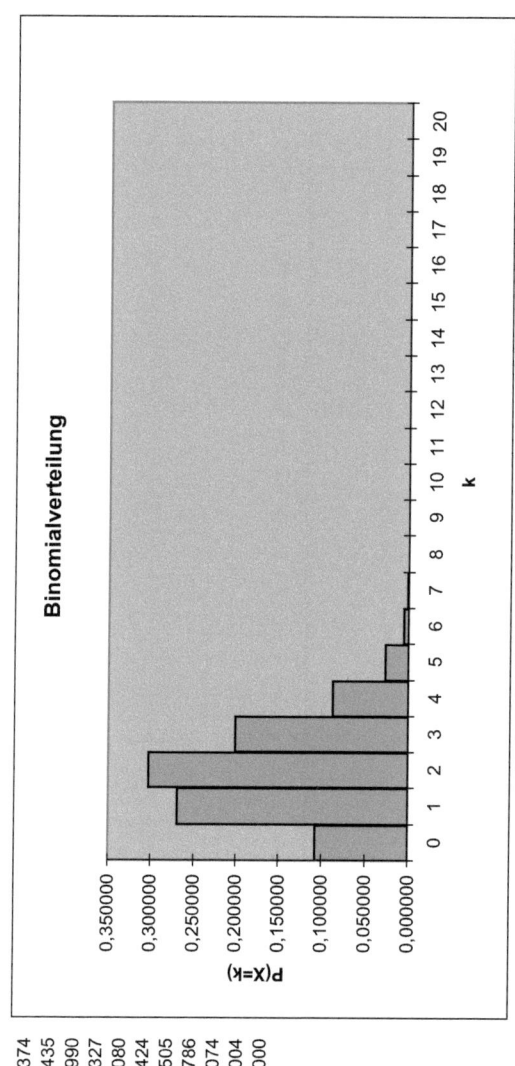

n = 10
p = 0,2

k =
0 0,107374
1 0,268435
2 0,301990
3 0,201327
4 0,088080
5 0,026424
6 0,005505
7 0,000786
8 0,000074
9 0,000004
10 0,000000

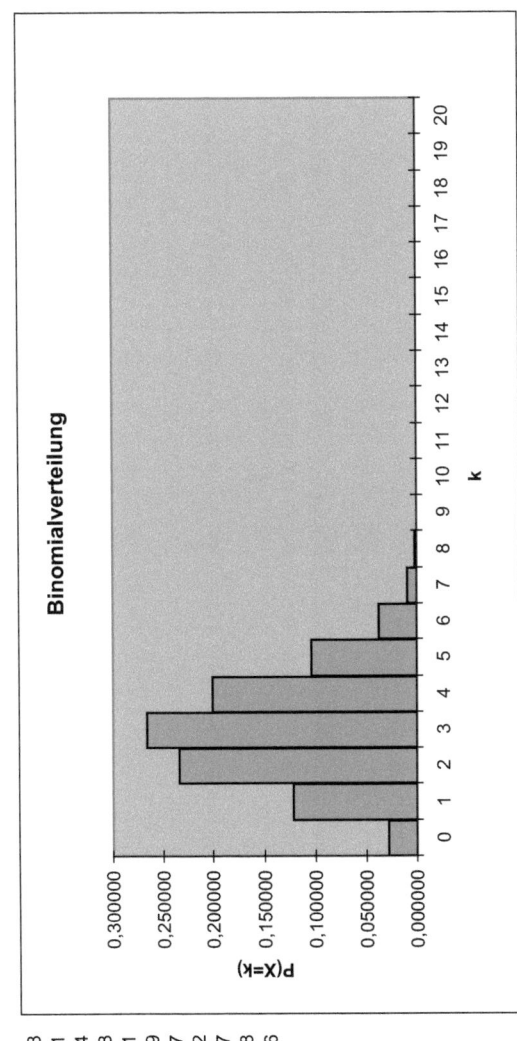

n = 10
p = 0,3

k =	
0	0,028248
1	0,121061
2	0,233474
3	0,266828
4	0,200121
5	0,102919
6	0,036757
7	0,009002
8	0,001447
9	0,000138
10	0,000006

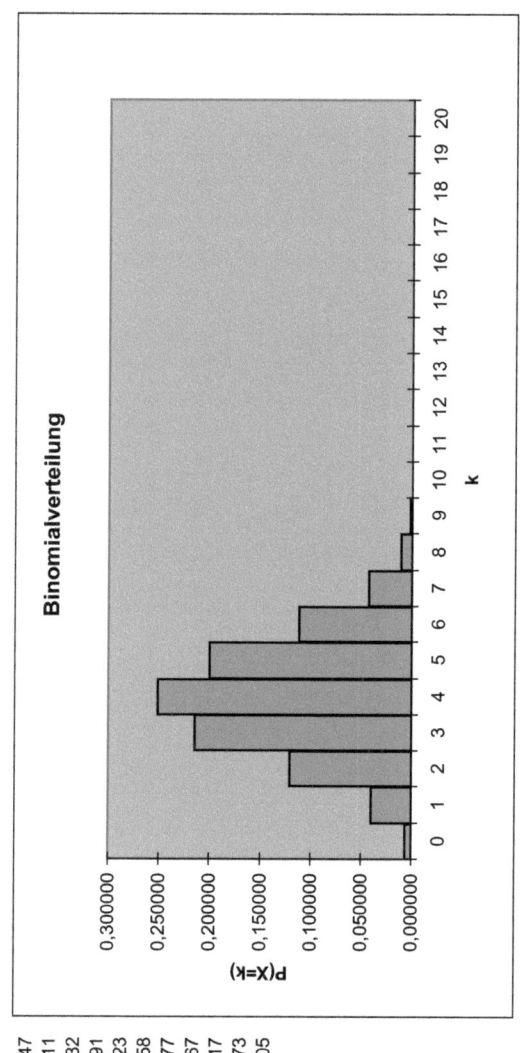

n = 10	
p = 0,4	

k =	
0	0,006047
1	0,040311
2	0,120932
3	0,214991
4	0,250823
5	0,200658
6	0,111477
7	0,042467
8	0,010617
9	0,001573
10	0,000105

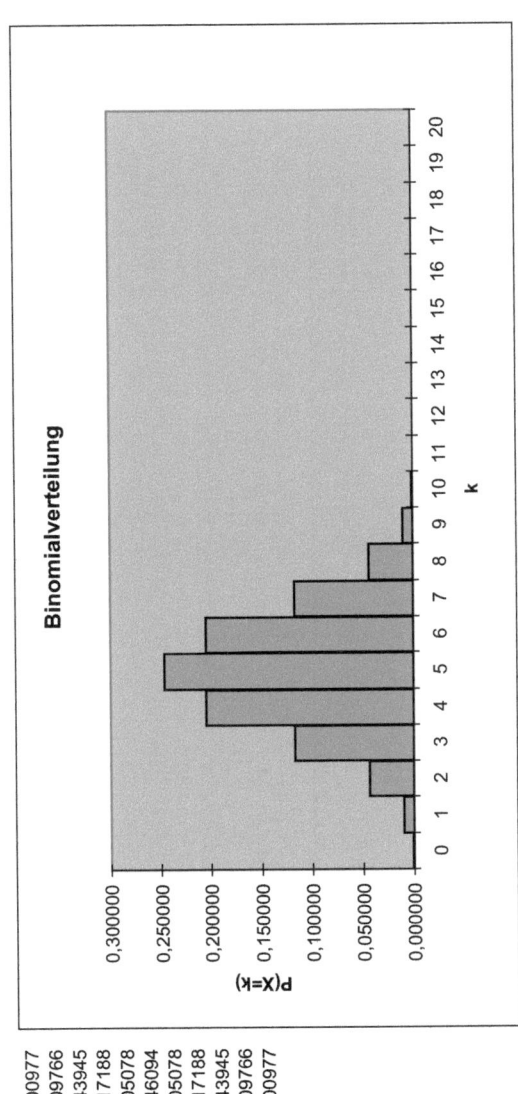

Binomialverteilung

n = 10
p = 0,5

k =	
0	0,000977
1	0,009766
2	0,043945
3	0,117188
4	0,205078
5	0,246094
6	0,205078
7	0,117188
8	0,043945
9	0,009766
10	0,000977

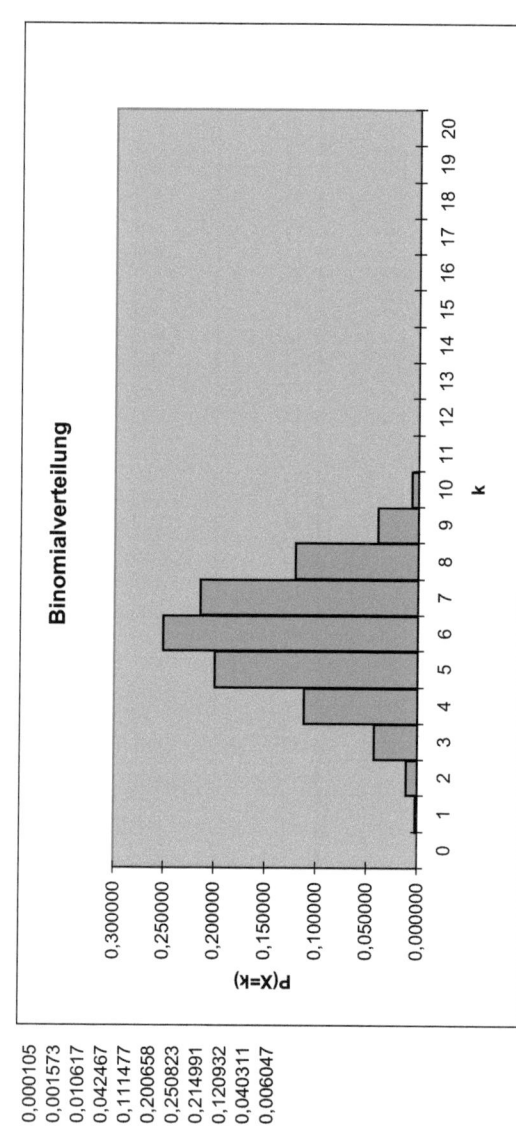

n = 10
p = 0,6

k =		
	0	0,000105
	1	0,001573
	2	0,010617
	3	0,042467
	4	0,111477
	5	0,200658
	6	0,250823
	7	0,214991
	8	0,120932
	9	0,040311
	10	0,006047

Binomialverteilung

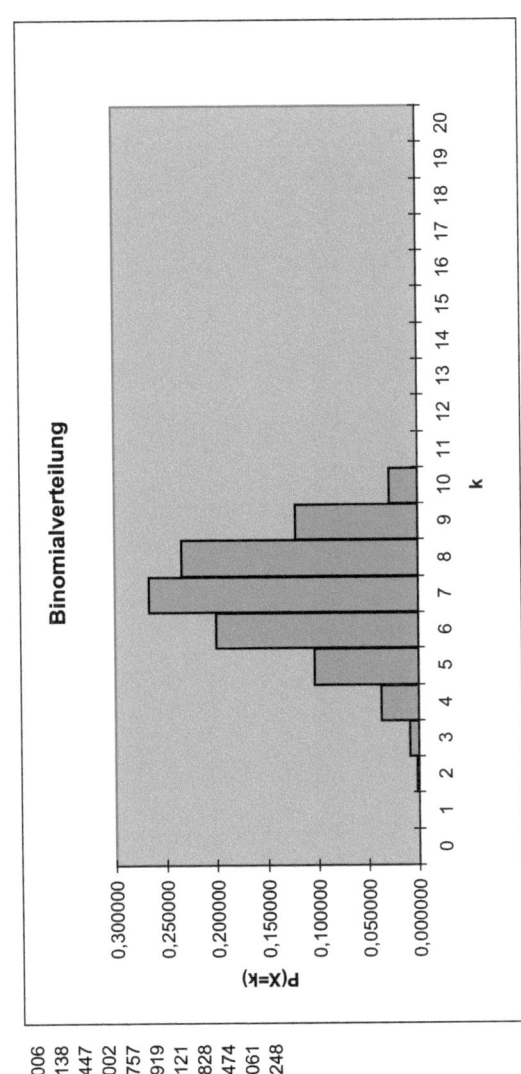

n = 10
p = 0,7

k =	
0	0,000006
1	0,000138
2	0,001447
3	0,009002
4	0,036757
5	0,102919
6	0,200121
7	0,266828
8	0,233474
9	0,121061
10	0,028248

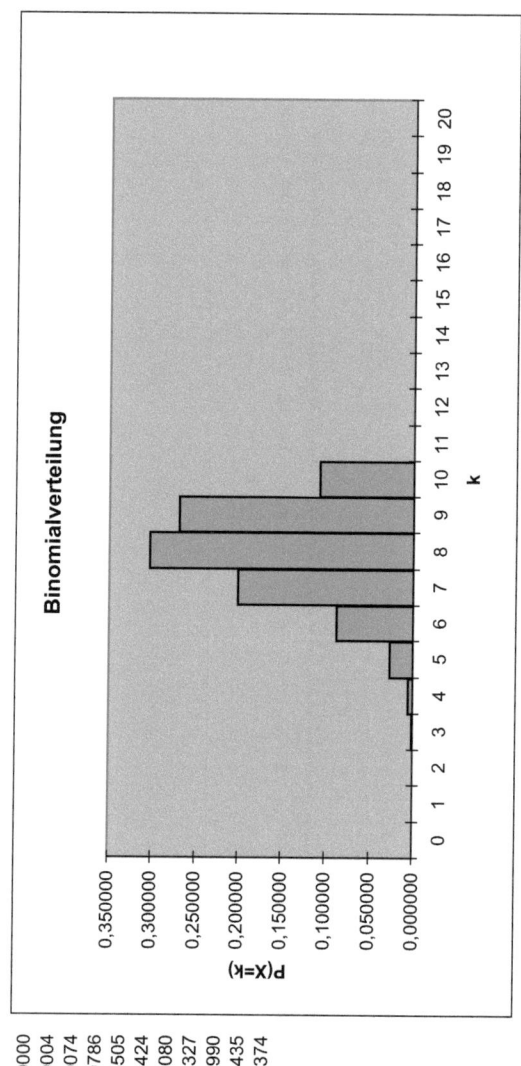

n = 10
p = 0,8

k =		
	0	0,000000
	1	0,000004
	2	0,000074
	3	0,000786
	4	0,005505
	5	0,026424
	6	0,088080
	7	0,201327
	8	0,301990
	9	0,268435
	10	0,107374

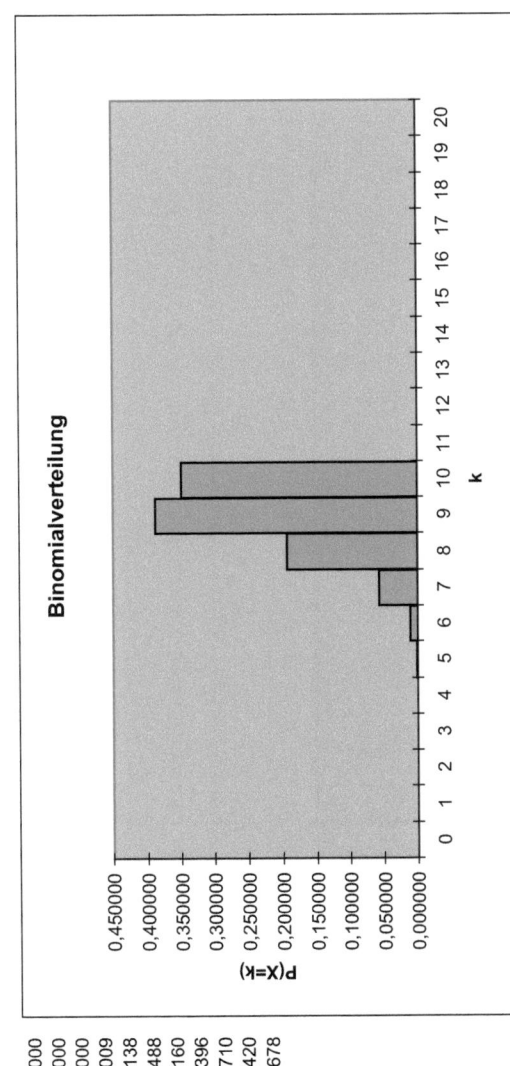

n = 10
p = 0,9

k =		
	0	0,000000
	1	0,000000
	2	0,000000
	3	0,000009
	4	0,000138
	5	0,001488
	6	0,011160
	7	0,057396
	8	0,193710
	9	0,387420
	10	0,348678

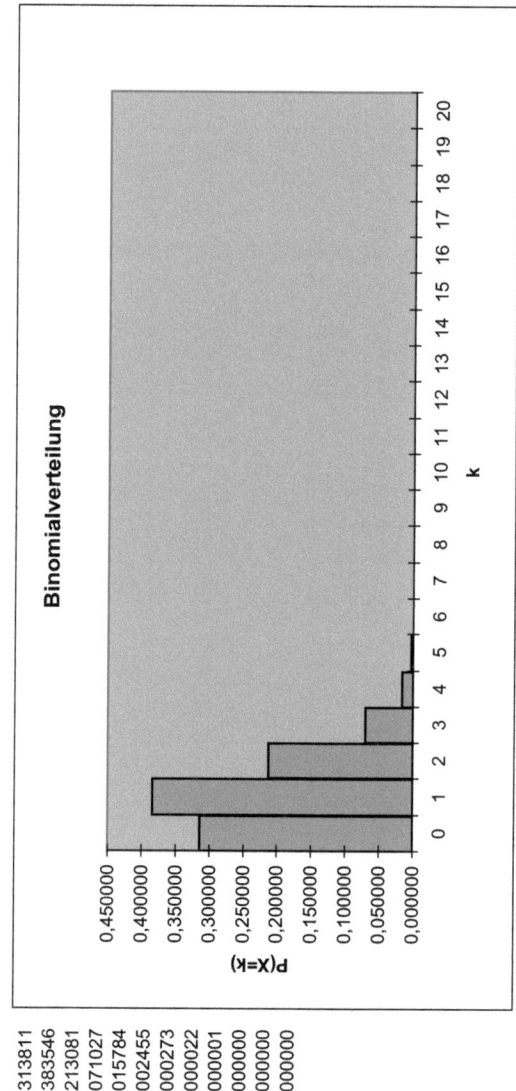

n = 11
p = 0,1

k =	
0	0,313811
1	0,383546
2	0,213081
3	0,071027
4	0,015784
5	0,002455
6	0,000273
7	0,000022
8	0,000001
9	0,000000
10	0,000000
11	0,000000

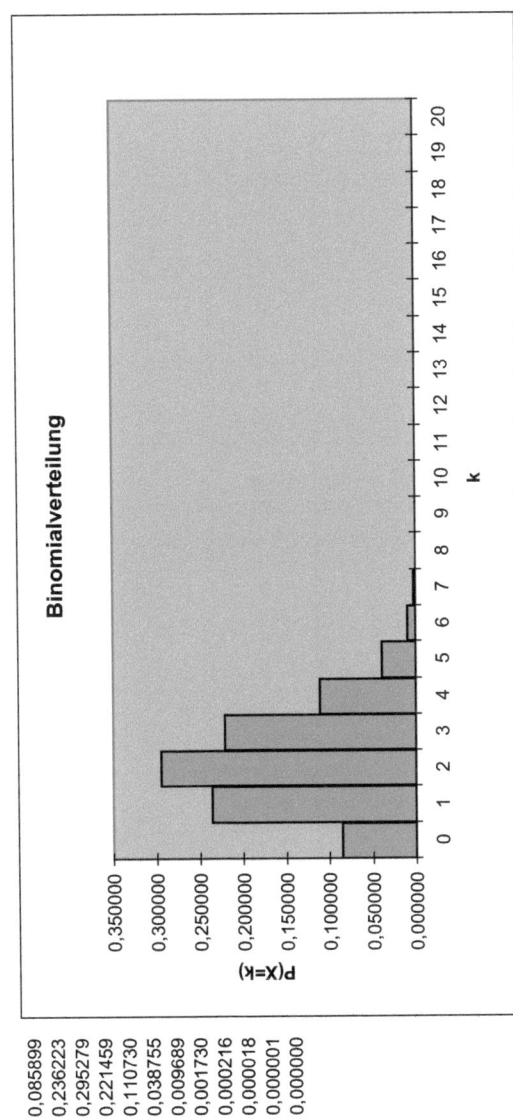

n = 11
p = 0,2

k =		
0		0,085899
1		0,236223
2		0,295279
3		0,221459
4		0,110730
5		0,038755
6		0,009689
7		0,001730
8		0,000216
9		0,000018
10		0,000001
11		0,000000

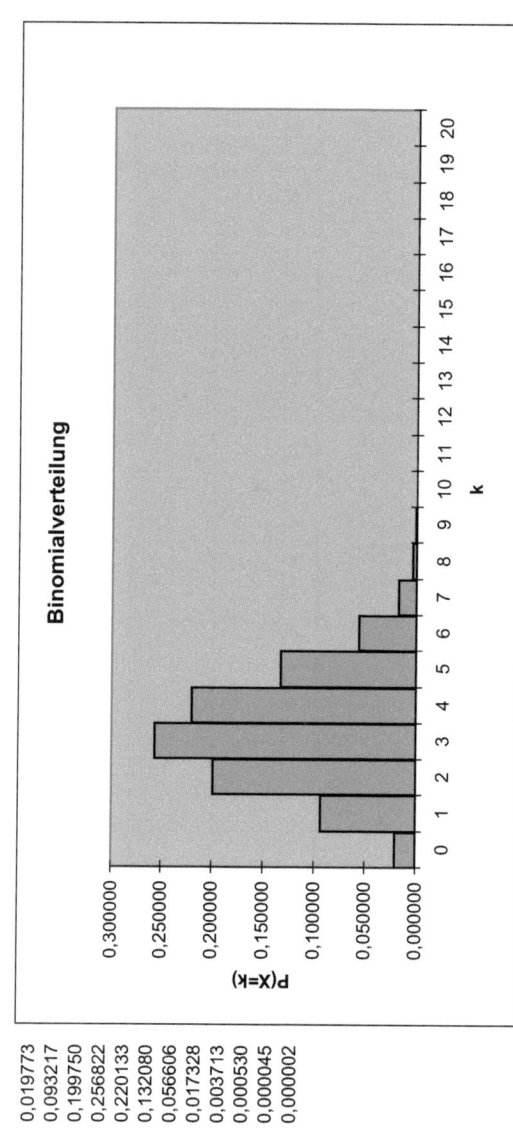

n = 11
p = 0,3

k =	
0	0,019773
1	0,093217
2	0,199750
3	0,256822
4	0,220133
5	0,132080
6	0,056606
7	0,017328
8	0,003713
9	0,000530
10	0,000045
11	0,000002

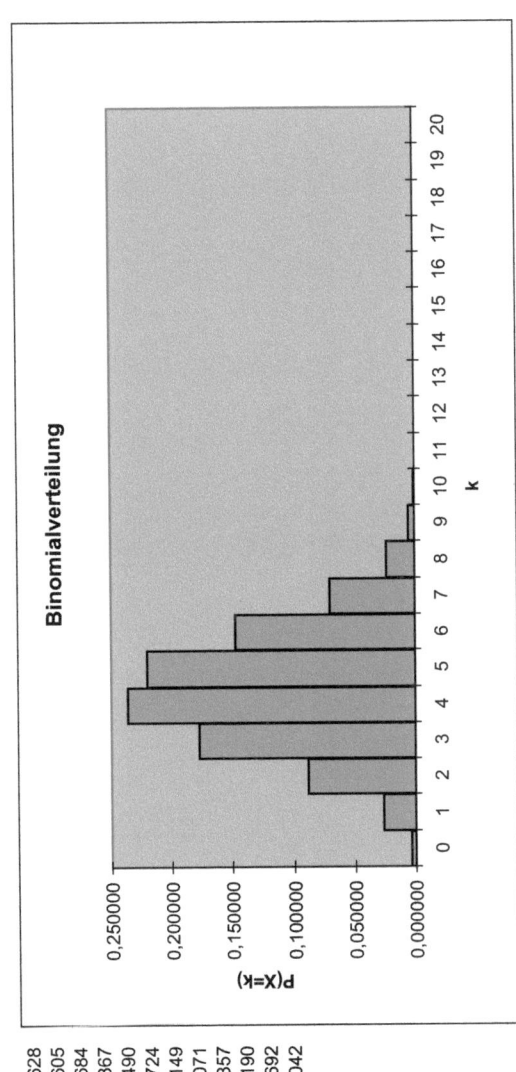

n = 11
p = 0,4

k =

0	0,003628
1	0,026605
2	0,088684
3	0,177367
4	0,236490
5	0,220724
6	0,147149
7	0,070071
8	0,023357
9	0,005190
10	0,000692
11	0,000042

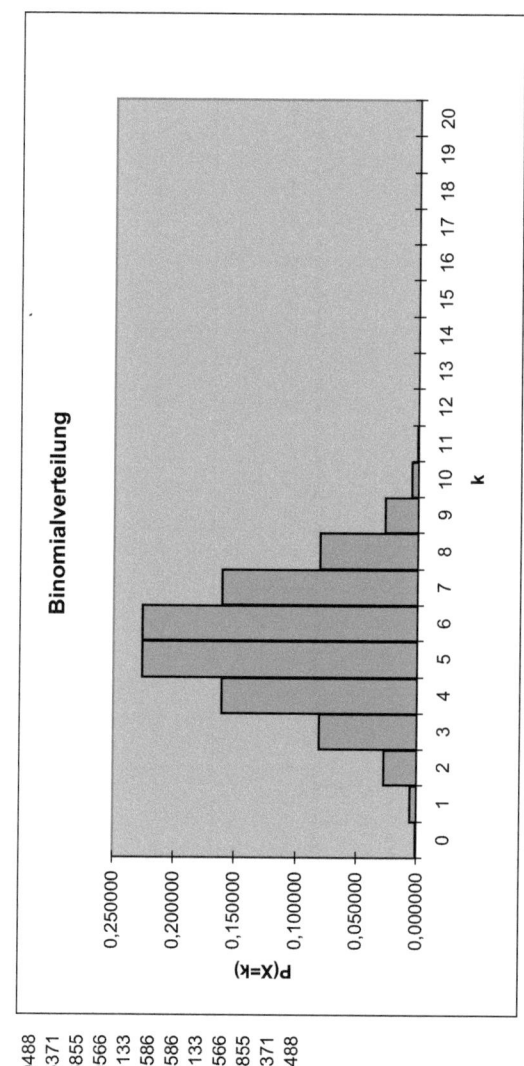

n = 11
p = 0,5

k =	
0	0,000488
1	0,005371
2	0,026855
3	0,080566
4	0,161133
5	0,225586
6	0,225586
7	0,161133
8	0,080566
9	0,026855
10	0,005371
11	0,000488

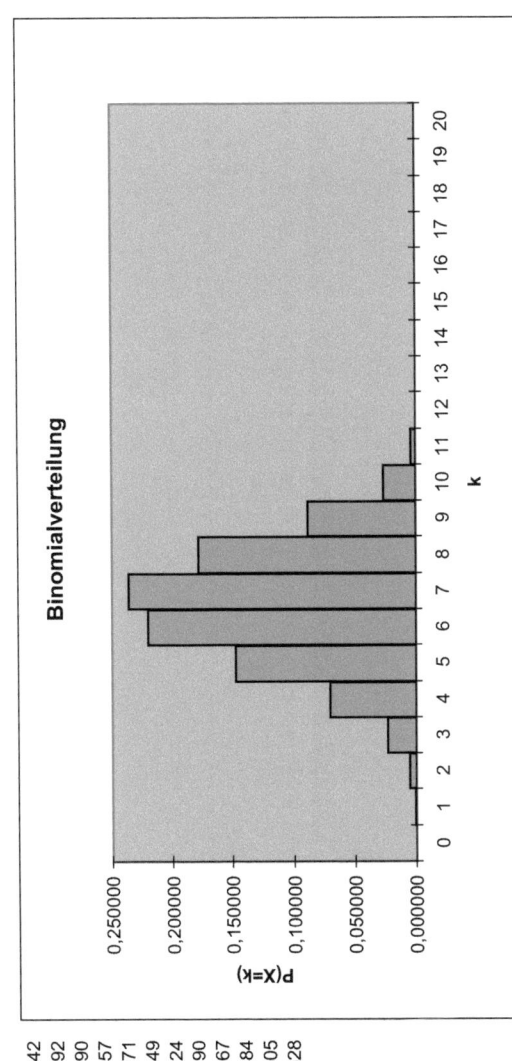

n = 11
p = 0,6

k =
0   0,000042
1   0,000692
2   0,005190
3   0,023357
4   0,070071
5   0,147149
6   0,220724
7   0,236490
8   0,177367
9   0,088684
10   0,026605
11   0,003628

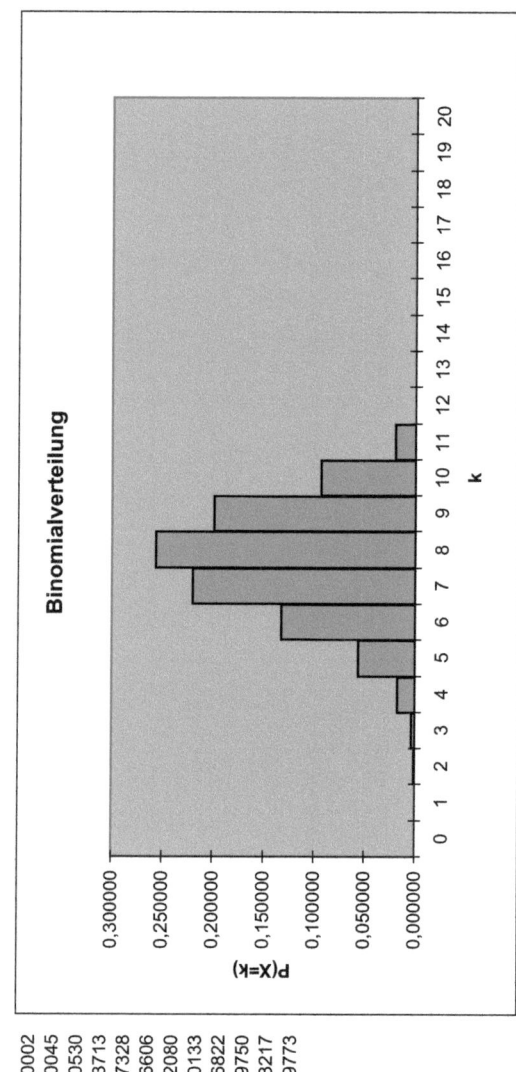

n = 11
p = 0,7

k =	
0	0,000002
1	0,000045
2	0,000530
3	0,003713
4	0,017328
5	0,056606
6	0,132080
7	0,220133
8	0,256822
9	0,199750
10	0,093217
11	0,019773

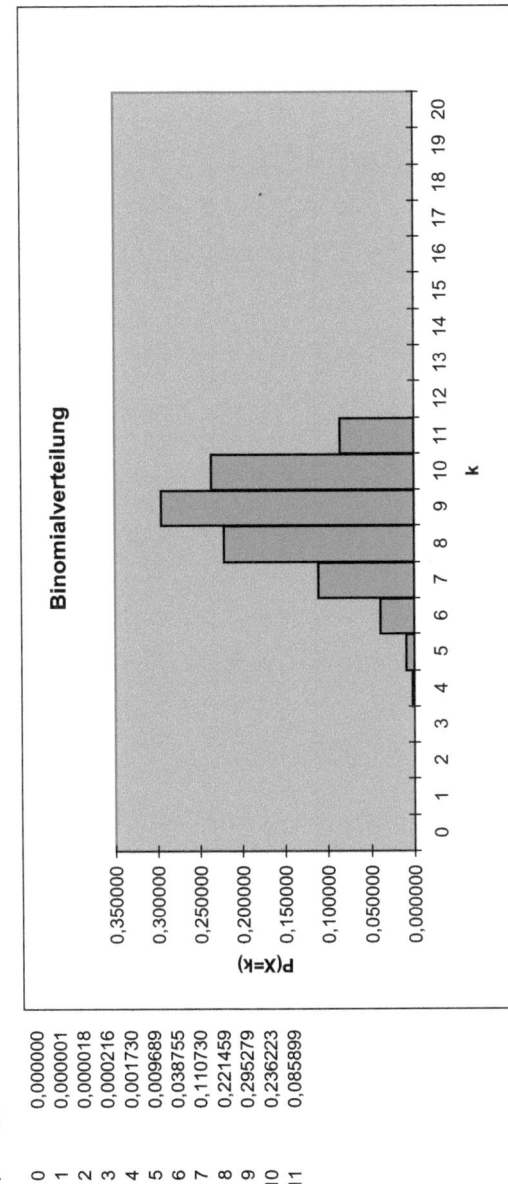

n = 11
p = 0,8

k =	
0	0,000000
1	0,000001
2	0,000018
3	0,000216
4	0,001730
5	0,009689
6	0,038755
7	0,110730
8	0,221459
9	0,295279
10	0,236223
11	0,085899

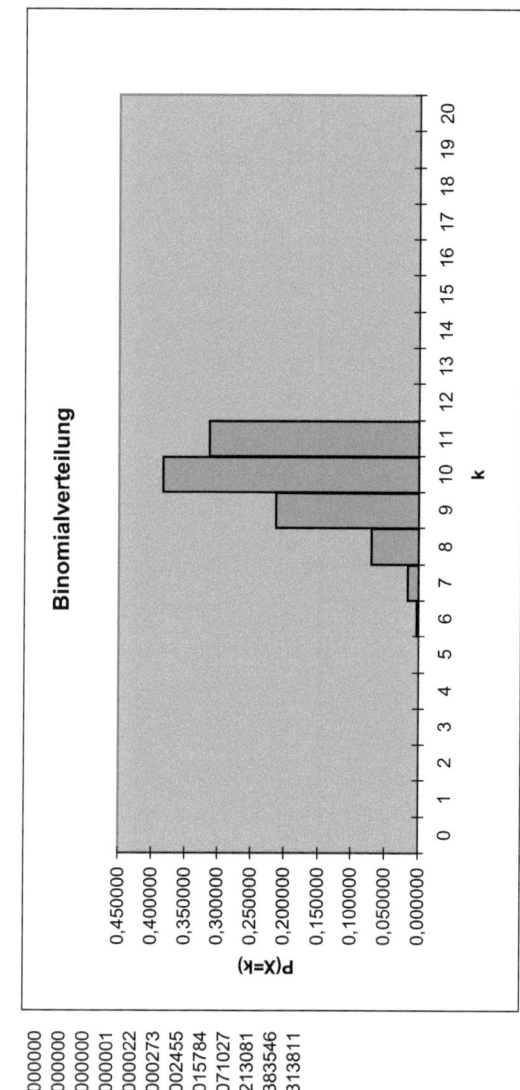

n = 11
p = 0,9

k =	
0	0,000000
1	0,000000
2	0,000000
3	0,000001
4	0,000022
5	0,000273
6	0,002455
7	0,015784
8	0,071027
9	0,213081
10	0,383546
11	0,313811

Binomialverteilung

P(X=k)

k

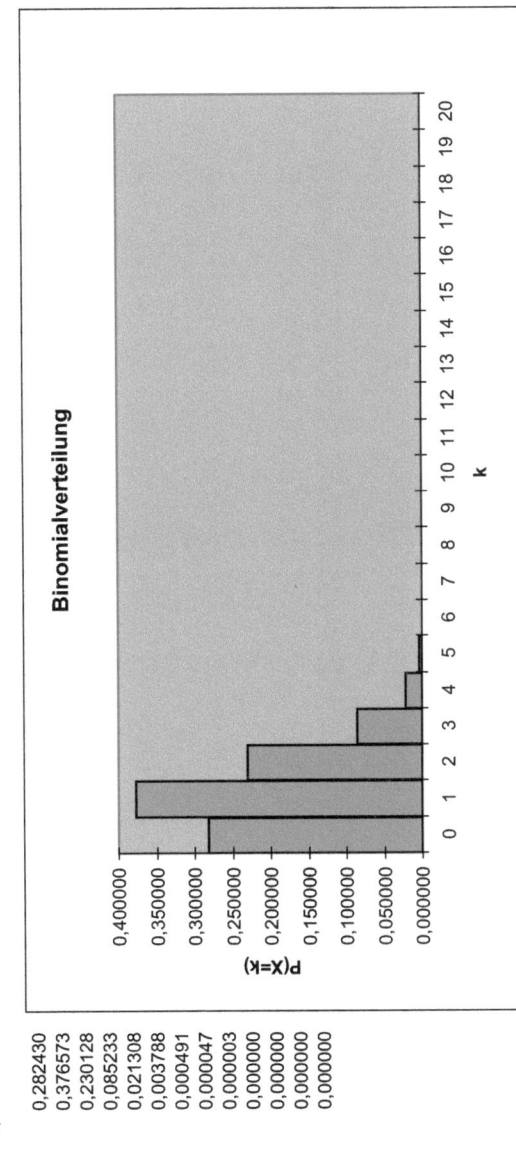

n = 12
p = 0,1

k =	
0	0,282430
1	0,376573
2	0,230128
3	0,085233
4	0,021308
5	0,003788
6	0,000491
7	0,000047
8	0,000003
9	0,000000
10	0,000000
11	0,000000
12	0,000000

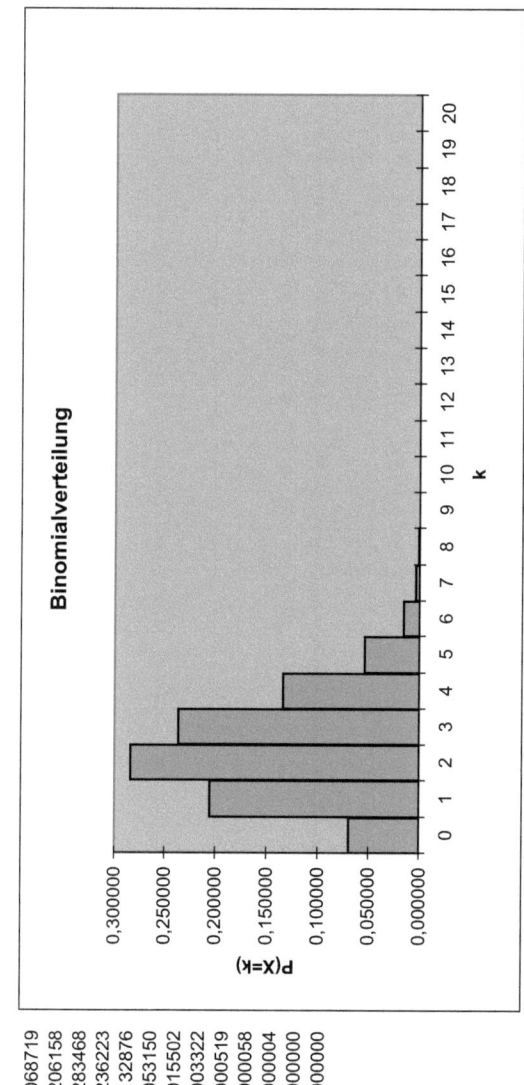

n = 12
p = 0,2

k =	
0	0,068719
1	0,206158
2	0,283468
3	0,236223
4	0,132876
5	0,053150
6	0,015502
7	0,003322
8	0,000519
9	0,000058
10	0,000004
11	0,000000
12	0,000000

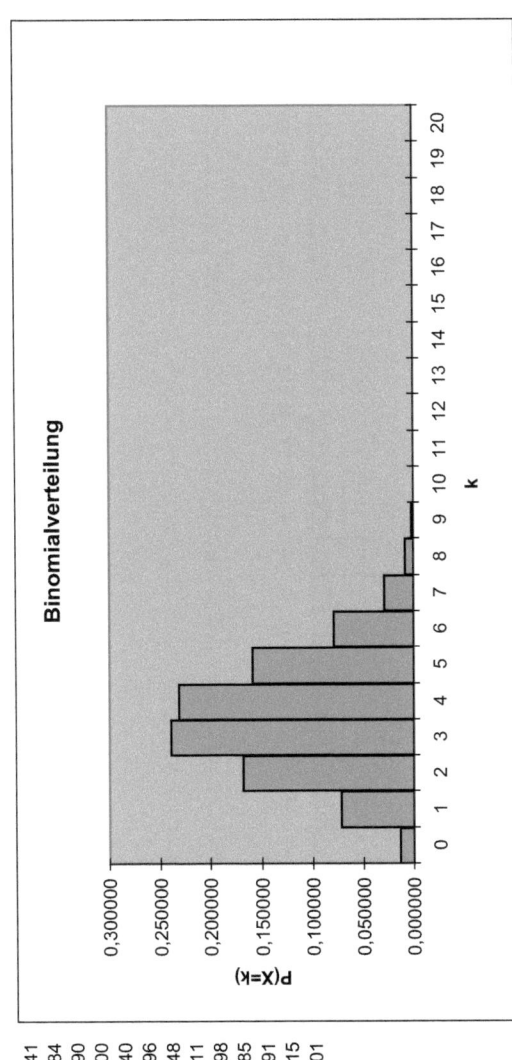

n = 12
p = 0,3

k =

0	0,013841
1	0,071184
2	0,167790
3	0,239700
4	0,231140
5	0,158496
6	0,079248
7	0,029111
8	0,007798
9	0,001485
10	0,000191
11	0,000015
12	0,000001

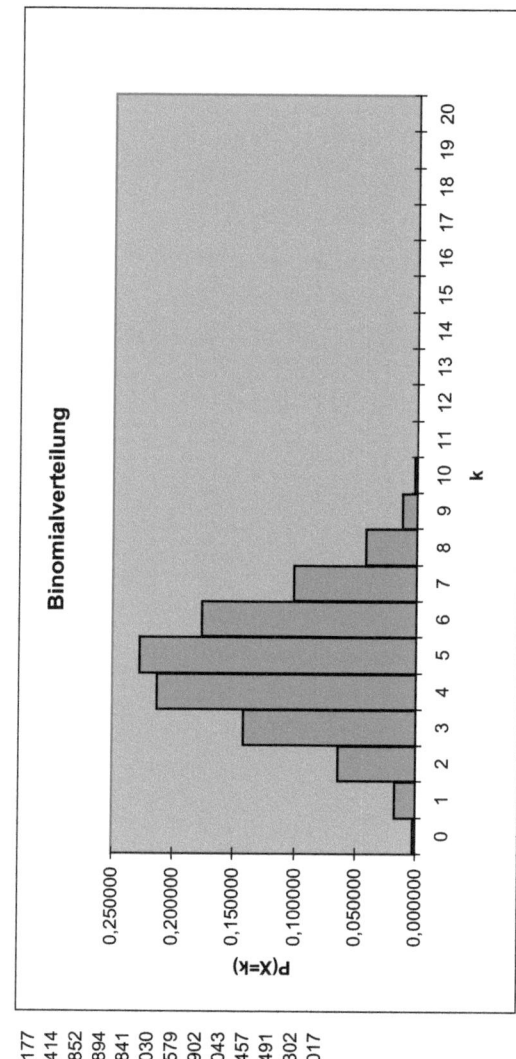

n = 12
p = 0,4

k =		
0	0,002177	
1	0,017414	
2	0,063852	
3	0,141894	
4	0,212841	
5	0,227030	
6	0,176579	
7	0,100902	
8	0,042043	
9	0,012457	
10	0,002491	
11	0,000302	
12	0,000017	

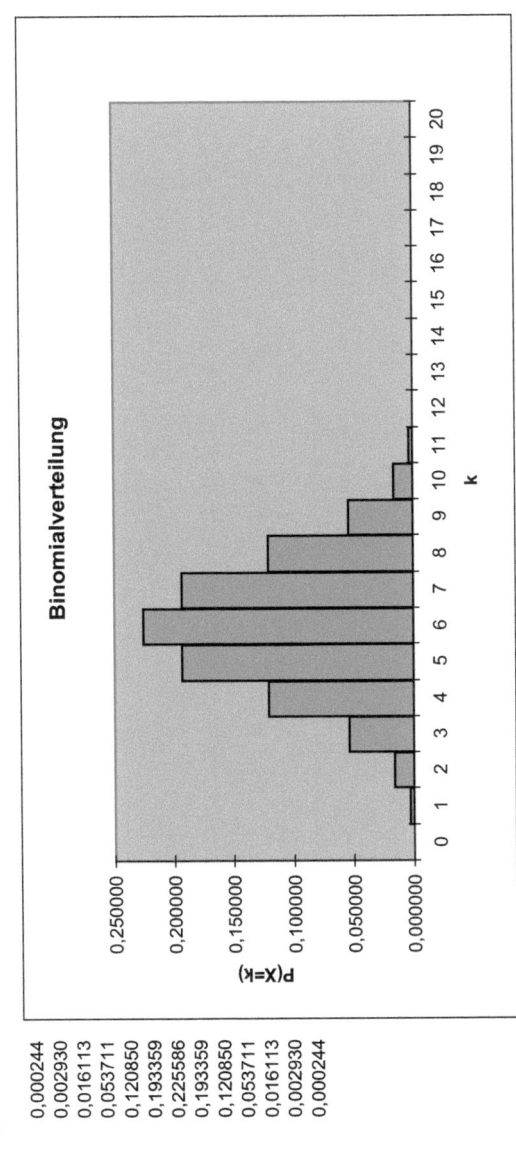

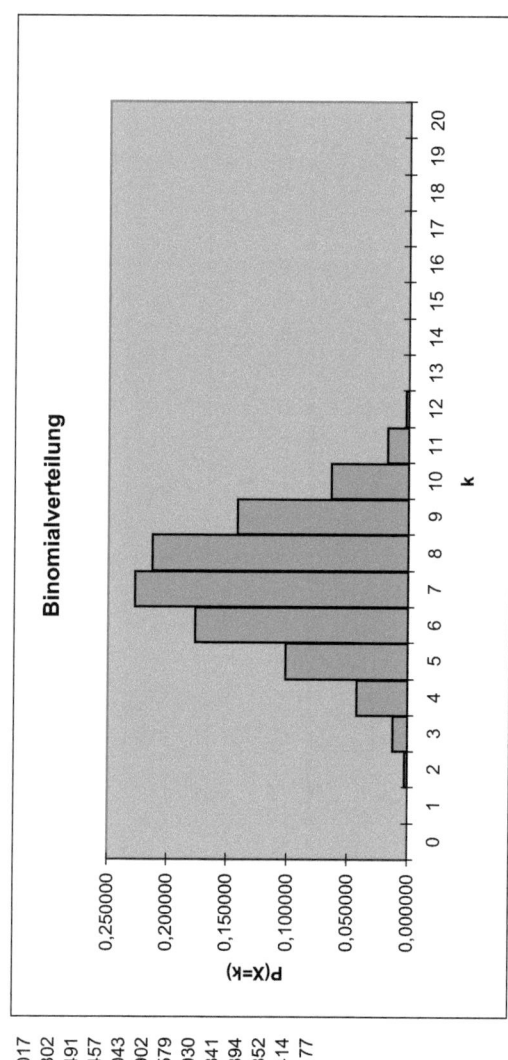

n = 12		
p = 0,6		
k =	0	0,000017
	1	0,000302
	2	0,002491
	3	0,012457
	4	0,042043
	5	0,100902
	6	0,176579
	7	0,227030
	8	0,212841
	9	0,141894
	10	0,063852
	11	0,017414
	12	0,002177

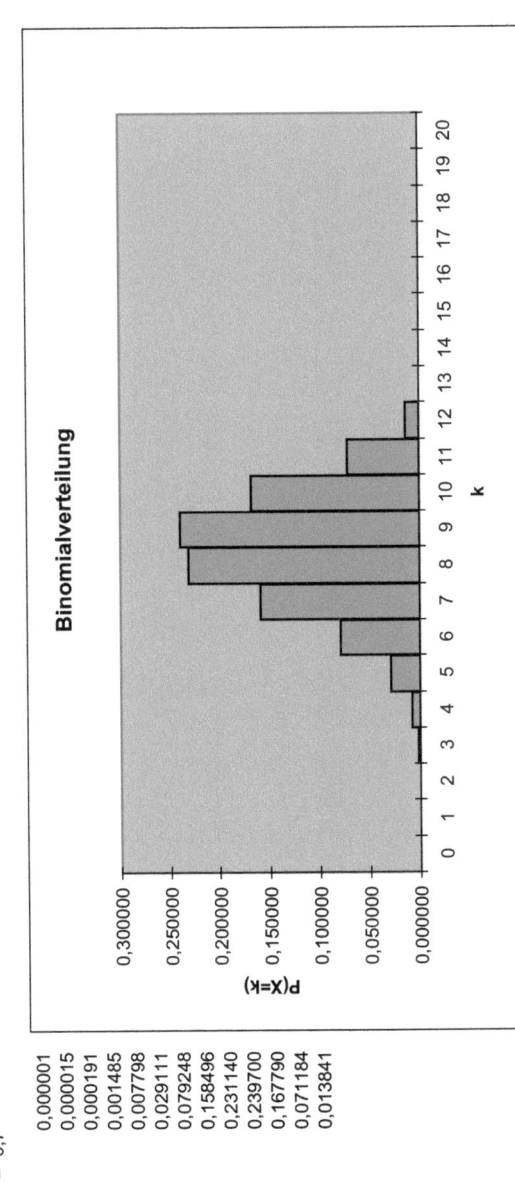

n = 12
p = 0,8

k =	
0	0,000000
1	0,000000
2	0,000004
3	0,000058
4	0,000519
5	0,003322
6	0,015502
7	0,053150
8	0,132876
9	0,236223
10	0,283468
11	0,206158
12	0,068719

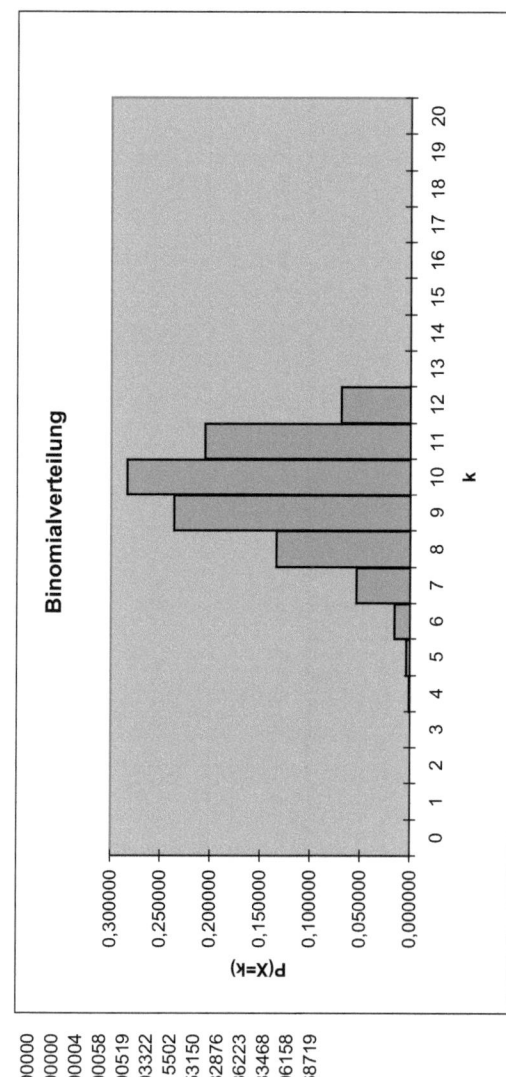

Binomialverteilung

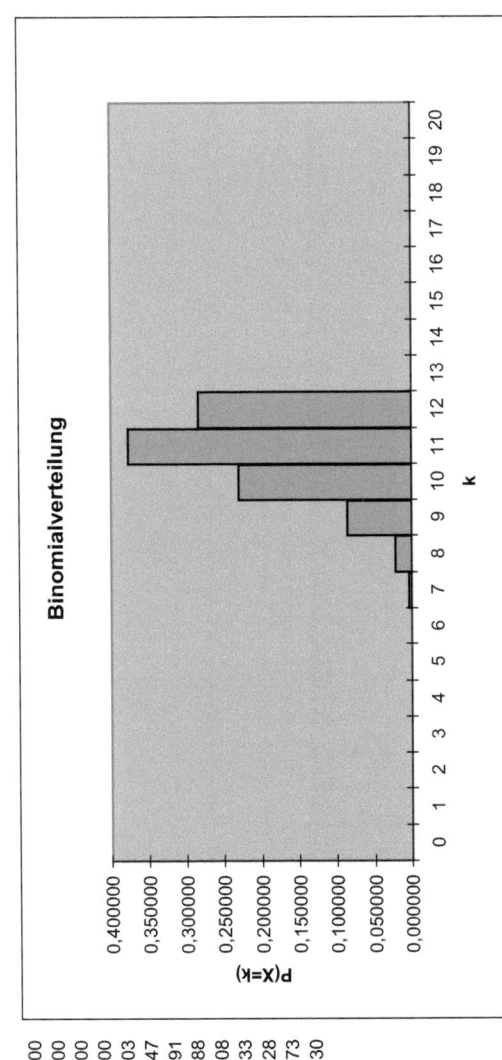

n = 12
p = 0,9

k =		
	0	0,000000
	1	0,000000
	2	0,000000
	3	0,000000
	4	0,000003
	5	0,000047
	6	0,000491
	7	0,003788
	8	0,021308
	9	0,085233
	10	0,230128
	11	0,376573
	12	0,282430

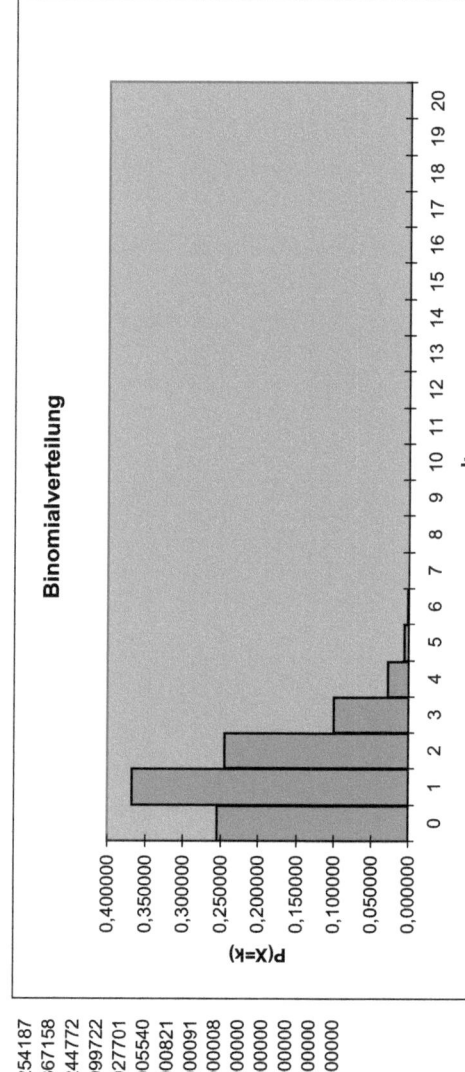

n = 13		
p = 0,1		
k =	0	0,254187
	1	0,367158
	2	0,244772
	3	0,099722
	4	0,027701
	5	0,005540
	6	0,000821
	7	0,000091
	8	0,000008
	9	0,000000
	10	0,000000
	11	0,000000
	12	0,000000
	13	0,000000

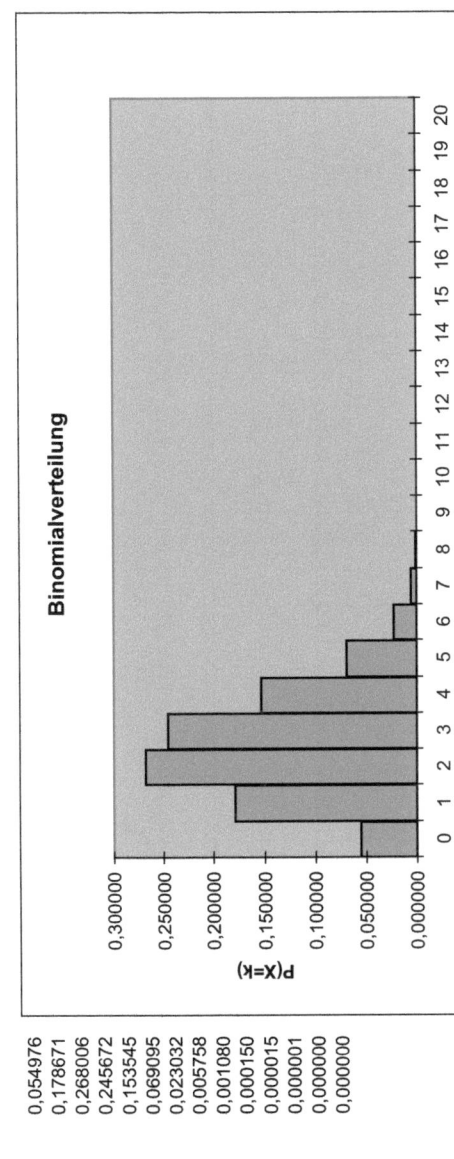

n = 13
p = 0,2

k =	
0	0,054976
1	0,178671
2	0,268006
3	0,245672
4	0,153545
5	0,069095
6	0,023032
7	0,005758
8	0,001080
9	0,000150
10	0,000015
11	0,000001
12	0,000000
13	0,000000

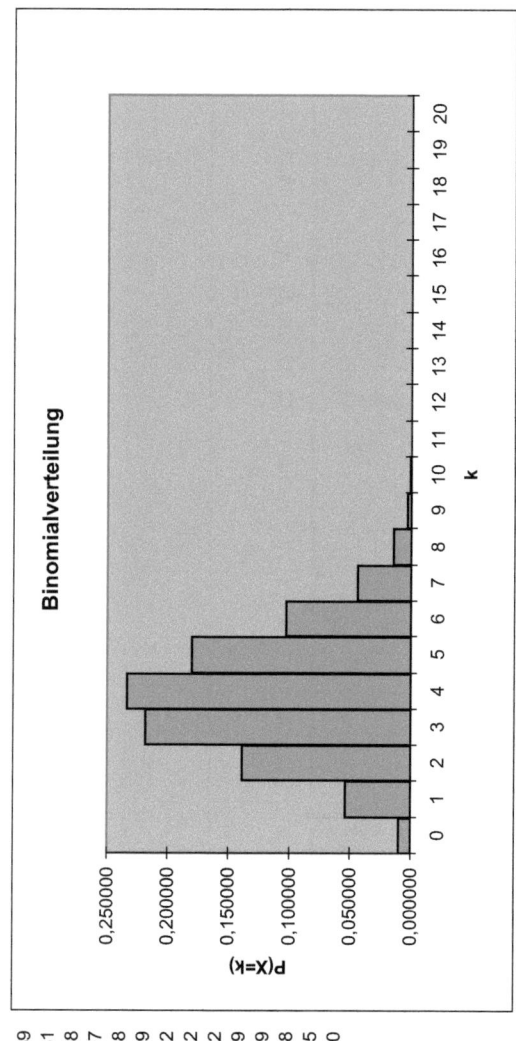

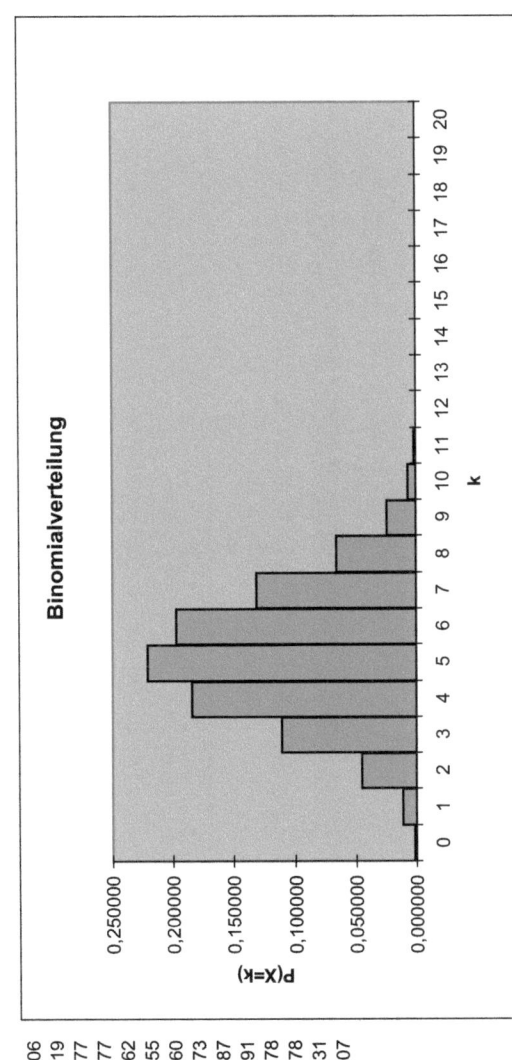

n = 13
p = 0,4

k =		P(X=k)
	0	0,001306
	1	0,011319
	2	0,045277
	3	0,110677
	4	0,184462
	5	0,221355
	6	0,196760
	7	0,131173
	8	0,065587
	9	0,024291
	10	0,006478
	11	0,001178
	12	0,000131
	13	0,000007

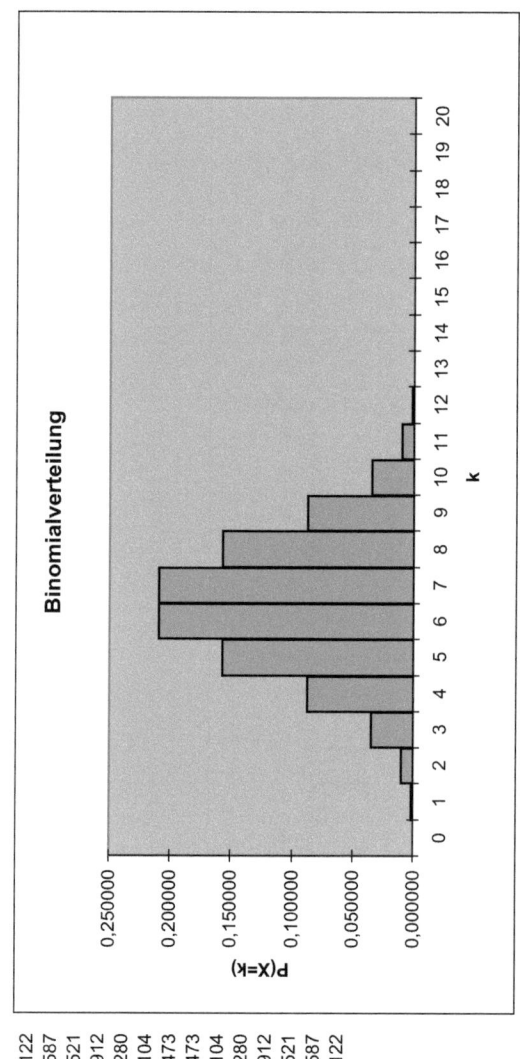

n = 13
p = 0,5

k =	
0	0,000122
1	0,001587
2	0,009521
3	0,034912
4	0,087280
5	0,157104
6	0,209473
7	0,209473
8	0,157104
9	0,087280
10	0,034912
11	0,009521
12	0,001587
13	0,000122

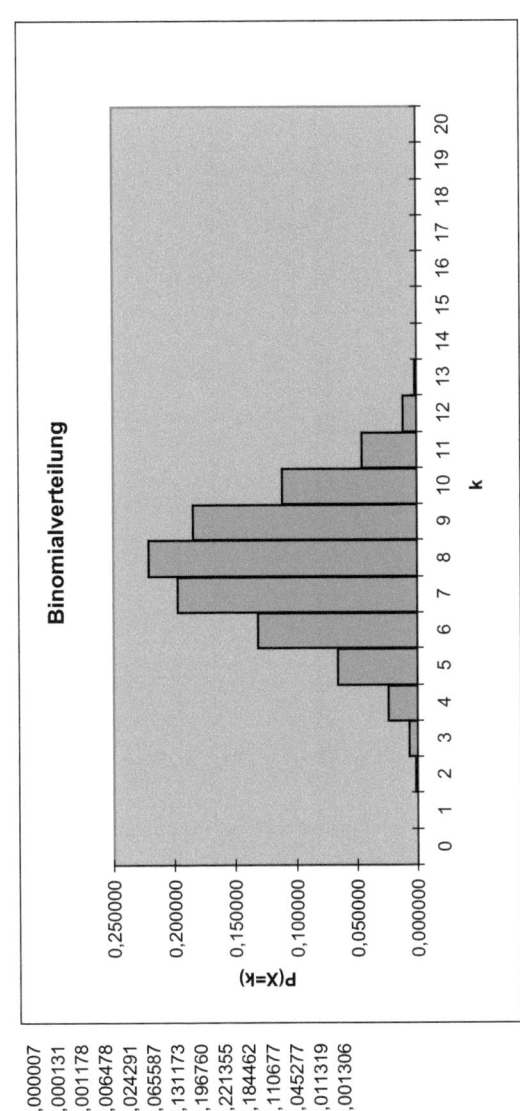

Binomialverteilung

n = 13
p = 0,6

k =	
0	0,000007
1	0,000131
2	0,001178
3	0,006478
4	0,024291
5	0,065587
6	0,131173
7	0,196760
8	0,221355
9	0,184462
10	0,110677
11	0,045277
12	0,011319
13	0,001306

n = 13
p = 0,7

k =	
0	0,000000
1	0,000005
2	0,000068
3	0,000579
4	0,003379
5	0,014192
6	0,044152
7	0,103022
8	0,180289
9	0,233708
10	0,218127
11	0,138808
12	0,053981
13	0,009689

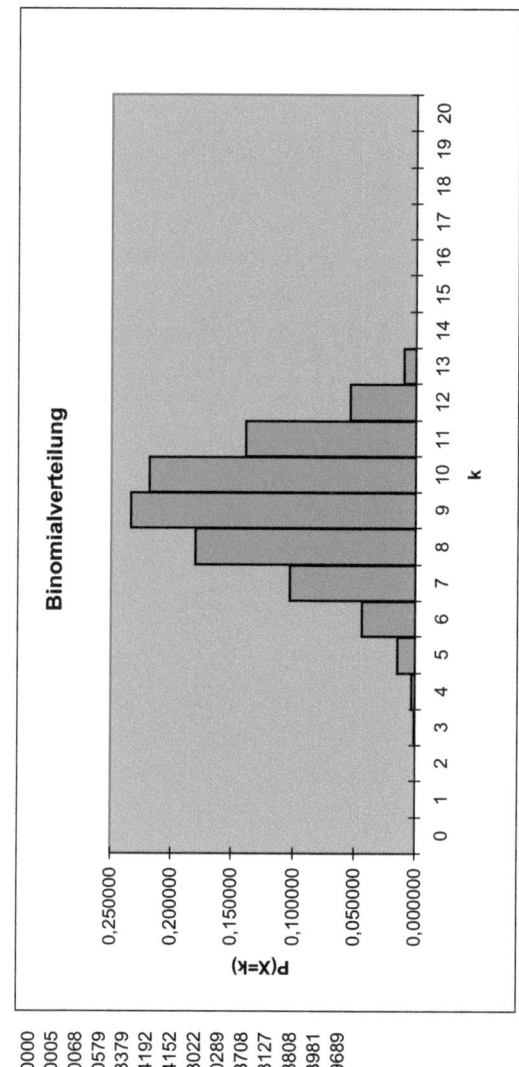

Binomialverteilung

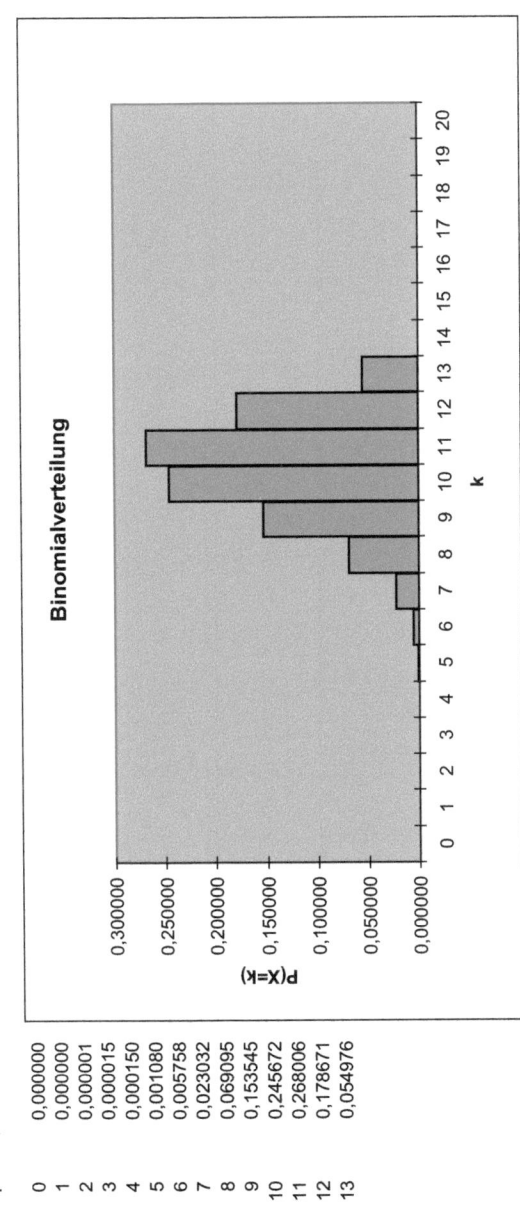

n = 13
p = 0,8

k =

k	P(X=k)
0	0,000000
1	0,000000
2	0,000001
3	0,000015
4	0,000150
5	0,001080
6	0,005758
7	0,023032
8	0,069095
9	0,153545
10	0,245672
11	0,268006
12	0,178671
13	0,054976

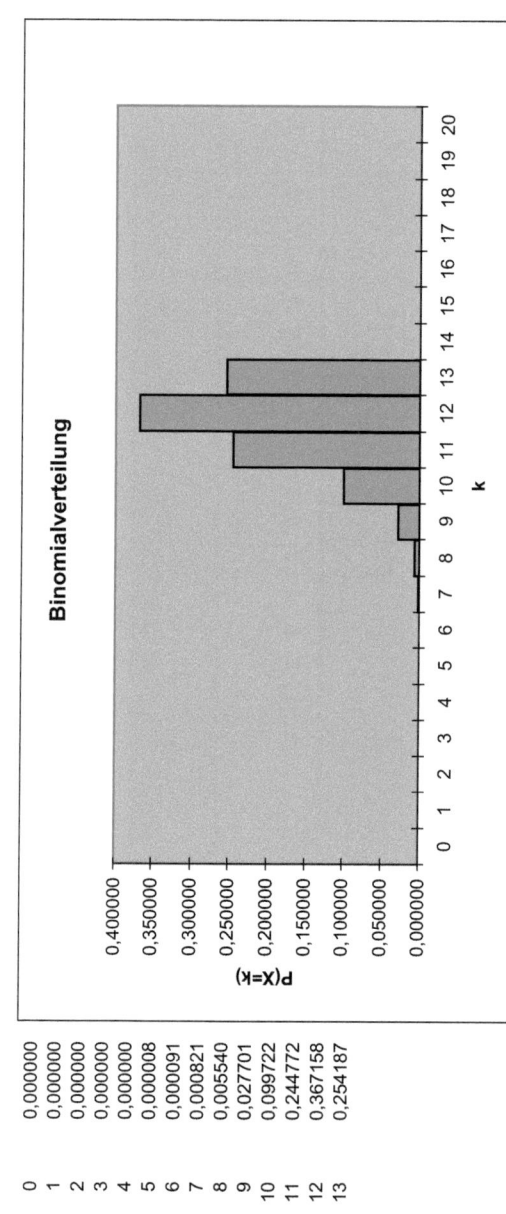

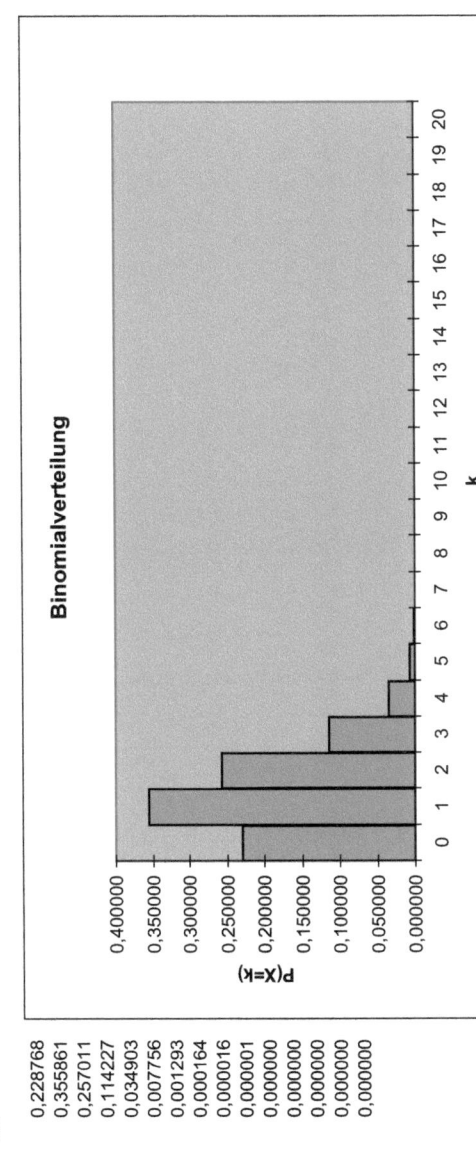

n = 14
p = 0,1

k =

0	0,228768
1	0,355861
2	0,257011
3	0,114227
4	0,034903
5	0,007756
6	0,001293
7	0,000164
8	0,000016
9	0,000001
10	0,000000
11	0,000000
12	0,000000
13	0,000000
14	0,000000

Binomialverteilung

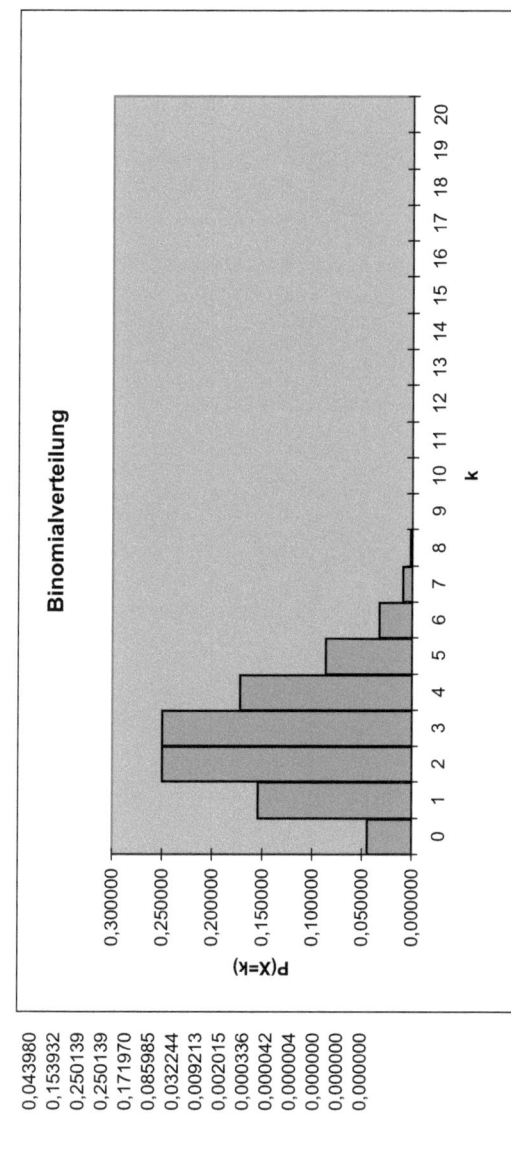

n = 14
p = 0,2

k =	
0	0,043980
1	0,153932
2	0,250139
3	0,250139
4	0,171970
5	0,085985
6	0,032244
7	0,009213
8	0,002015
9	0,000336
10	0,000042
11	0,000004
12	0,000000
13	0,000000
14	0,000000

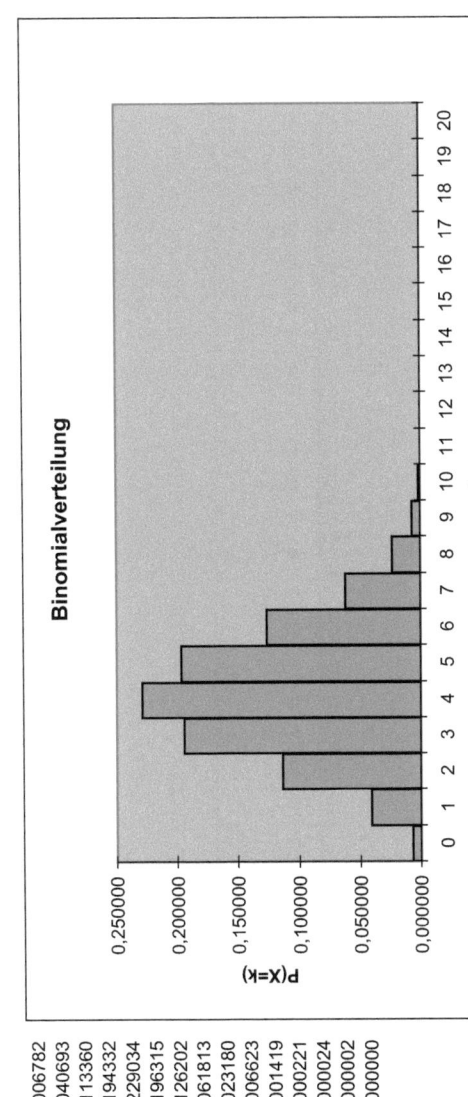

n = 14
p = 0,3

k =	
0	0,006782
1	0,040693
2	0,113360
3	0,194332
4	0,229034
5	0,196315
6	0,126202
7	0,061813
8	0,023180
9	0,006623
10	0,001419
11	0,000221
12	0,000024
13	0,000002
14	0,000000

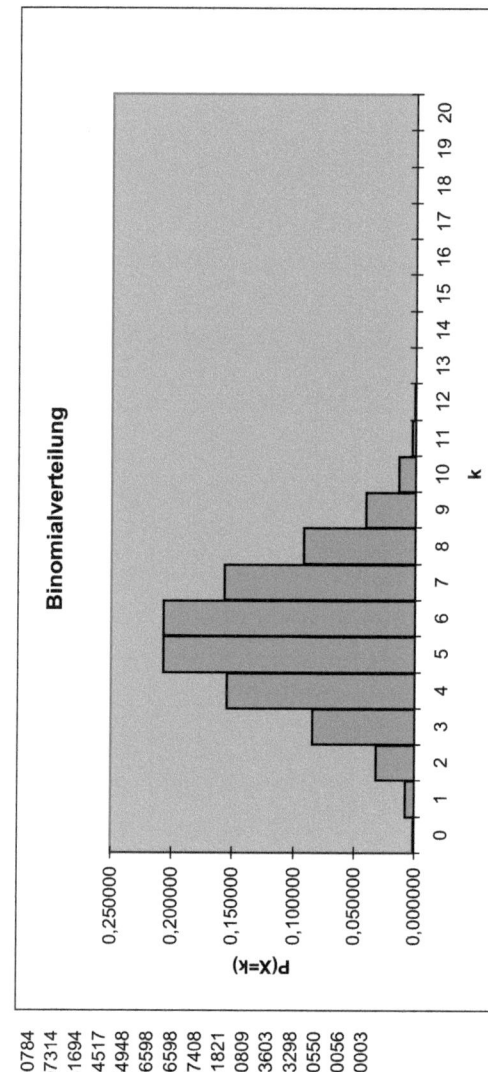

n = 14
p = 0,4

k =	
0	0,000784
1	0,007314
2	0,031694
3	0,084517
4	0,154948
5	0,206598
6	0,206598
7	0,157408
8	0,091821
9	0,040809
10	0,013603
11	0,003298
12	0,000550
13	0,000056
14	0,000003

123

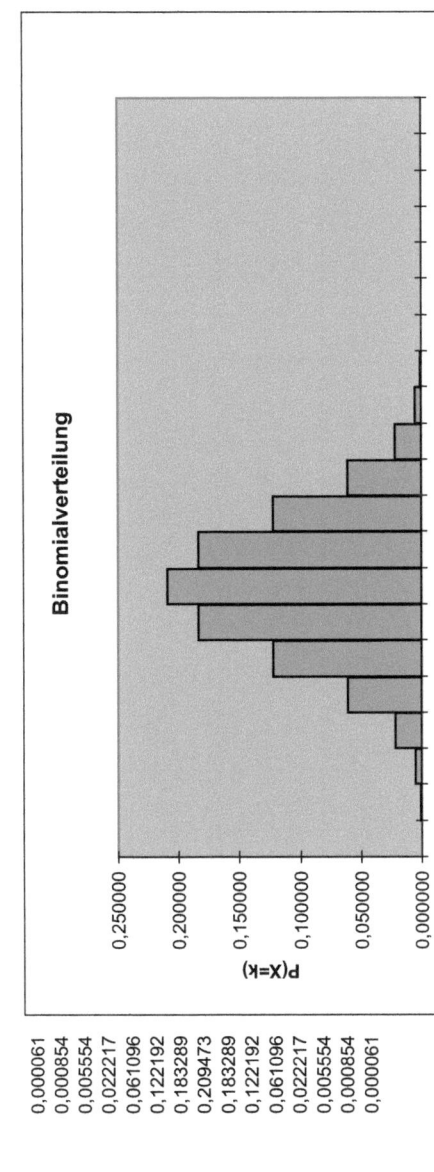

n = 14
p = 0,5

k =	
0	0,000061
1	0,000854
2	0,005554
3	0,022217
4	0,061096
5	0,122192
6	0,183289
7	0,209473
8	0,183289
9	0,122192
10	0,061096
11	0,022217
12	0,005554
13	0,000854
14	0,000061

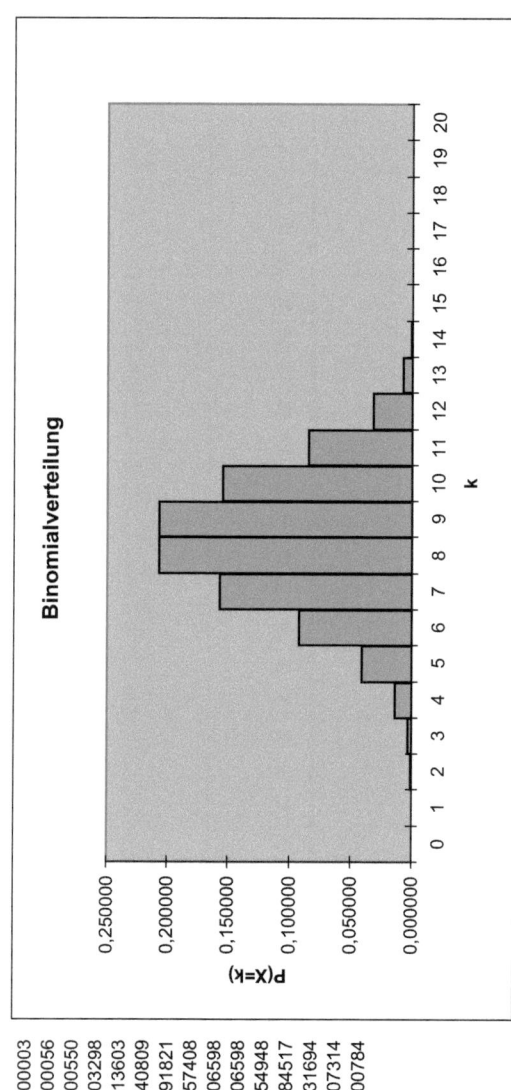

n = 14
p = 0,6

k =	
0	0,000003
1	0,000056
2	0,000550
3	0,003298
4	0,013603
5	0,040809
6	0,091821
7	0,157408
8	0,206598
9	0,206598
10	0,154948
11	0,084517
12	0,031694
13	0,007314
14	0,000784

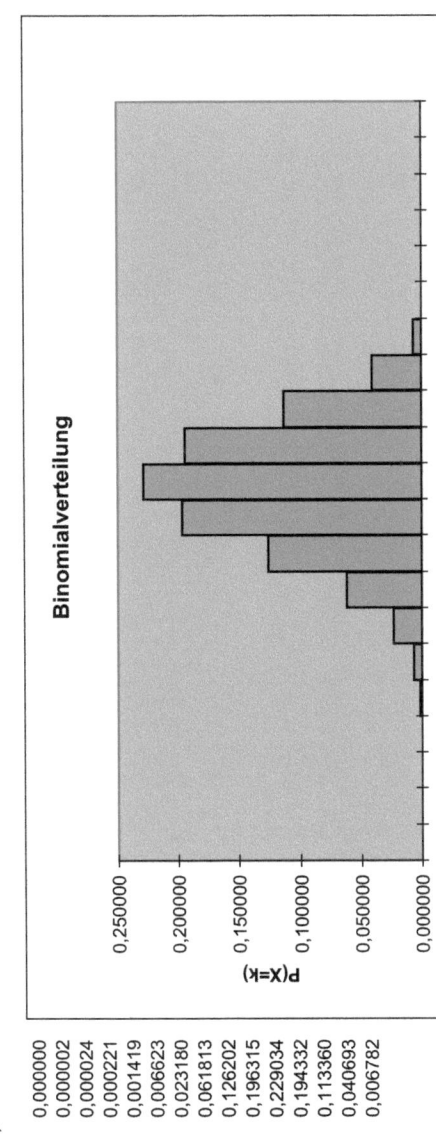

n = 14
p = 0,7

k =		
	0	0,000000
	1	0,000002
	2	0,000024
	3	0,000221
	4	0,001419
	5	0,006623
	6	0,023180
	7	0,061813
	8	0,126202
	9	0,196315
	10	0,229034
	11	0,194332
	12	0,113360
	13	0,040693
	14	0,006782

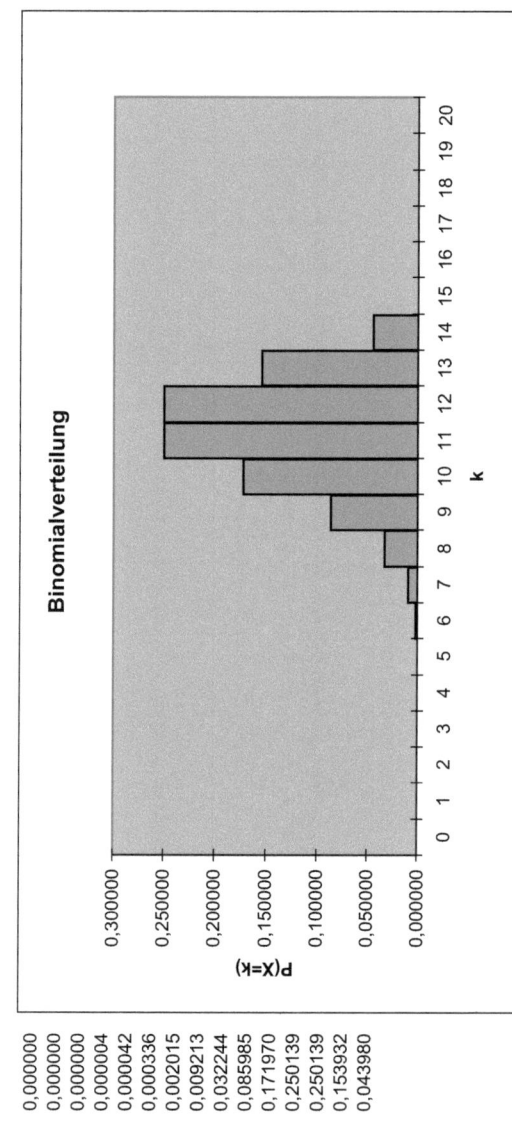

n = 14
p = 0,8

k =

k	P(X=k)
0	0,000000
1	0,000000
2	0,000000
3	0,000004
4	0,000042
5	0,000336
6	0,002015
7	0,009213
8	0,032244
9	0,085985
10	0,171970
11	0,250139
12	0,250139
13	0,153932
14	0,043980

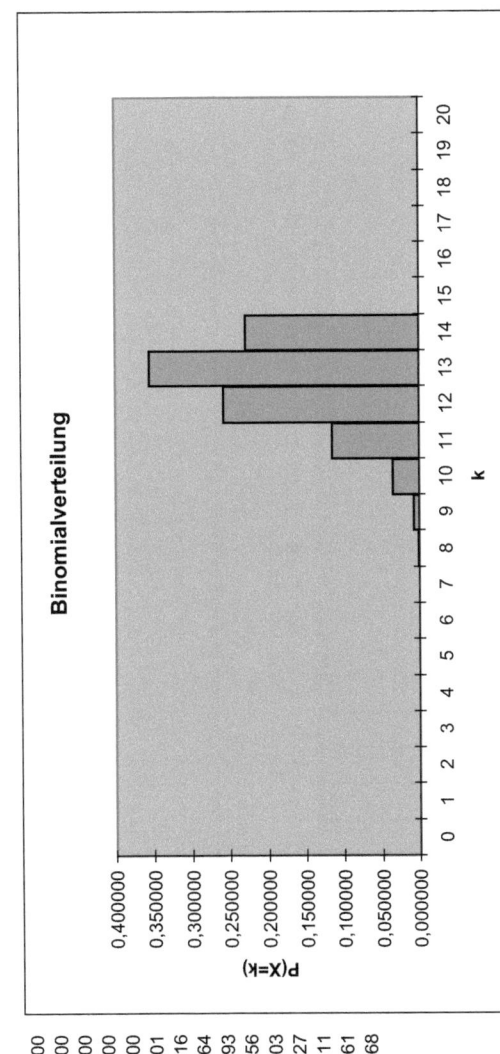

n = 14
p = 0,9

k = 0   0,000000
     1   0,000000
     2   0,000000
     3   0,000000
     4   0,000000
     5   0,000001
     6   0,000016
     7   0,000164
     8   0,001293
     9   0,007756
    10   0,034903
    11   0,114227
    12   0,257011
    13   0,355861
    14   0,228768

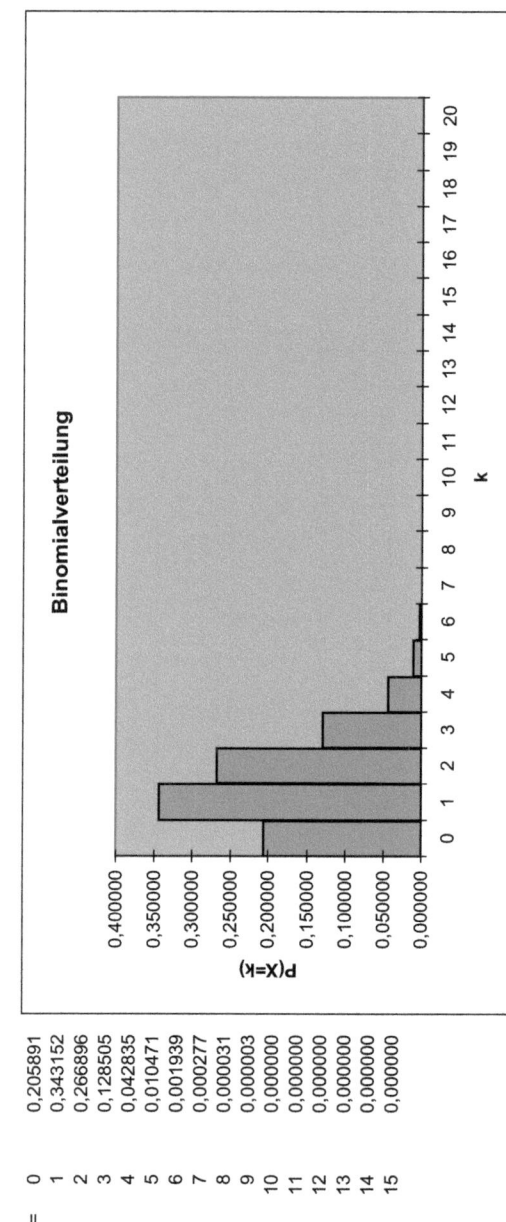

n = 15
p = 0,1

k =	
0	0,205891
1	0,343152
2	0,266896
3	0,128505
4	0,042835
5	0,010471
6	0,001939
7	0,000277
8	0,000031
9	0,000003
10	0,000000
11	0,000000
12	0,000000
13	0,000000
14	0,000000
15	0,000000

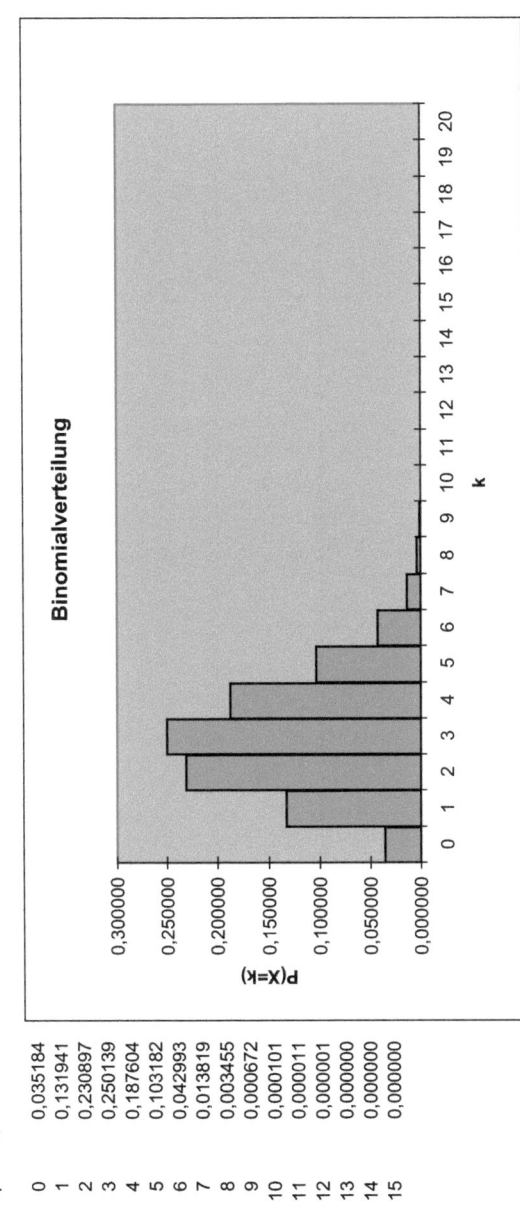

n = 15
p = 0,2

k =		
	0	0,035184
	1	0,131941
	2	0,230897
	3	0,250139
	4	0,187604
	5	0,103182
	6	0,042993
	7	0,013819
	8	0,003455
	9	0,000672
	10	0,000101
	11	0,000011
	12	0,000001
	13	0,000000
	14	0,000000
	15	0,000000

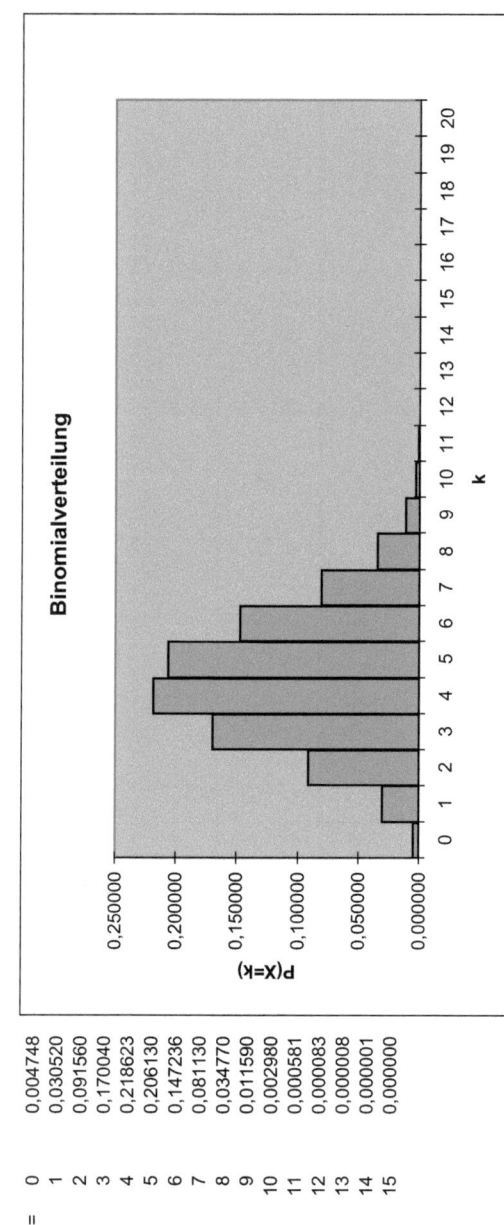

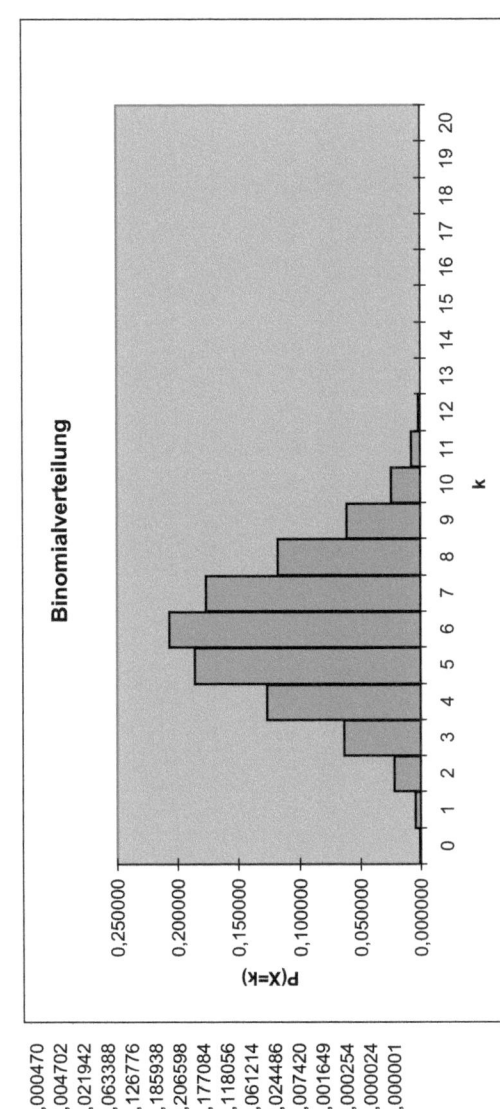

n = 15
p = 0,4

k =	
0	0,000470
1	0,004702
2	0,021942
3	0,063388
4	0,126776
5	0,185938
6	0,206598
7	0,177084
8	0,118056
9	0,061214
10	0,024486
11	0,007420
12	0,001649
13	0,000254
14	0,000024
15	0,000001

Binomialverteilung

132

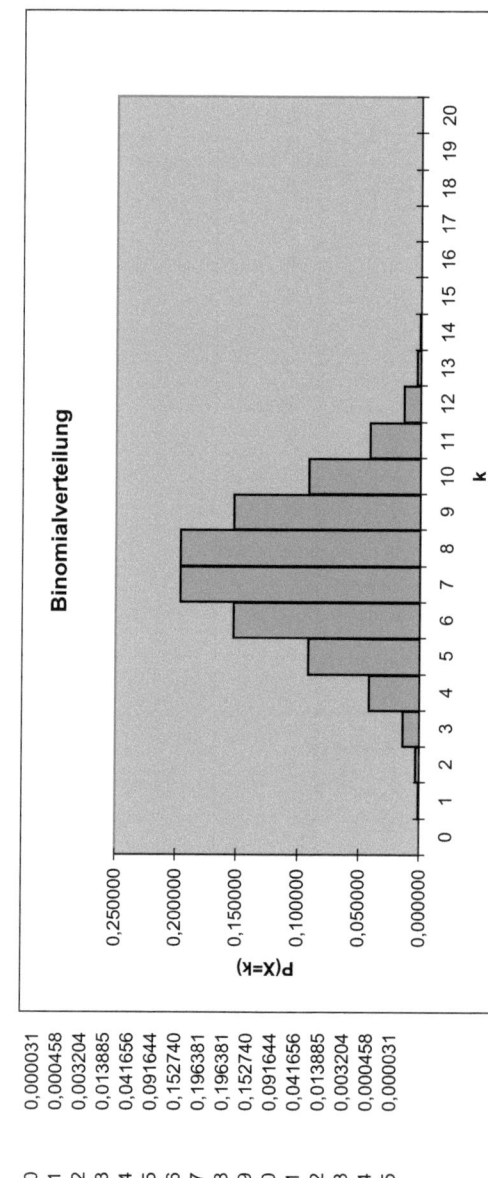

n = 15
p = 0,5

k =	P(X=k)
0	0,000031
1	0,000458
2	0,003204
3	0,013885
4	0,041656
5	0,091644
6	0,152740
7	0,196381
8	0,196381
9	0,152740
10	0,091644
11	0,041656
12	0,013885
13	0,003204
14	0,000458
15	0,000031

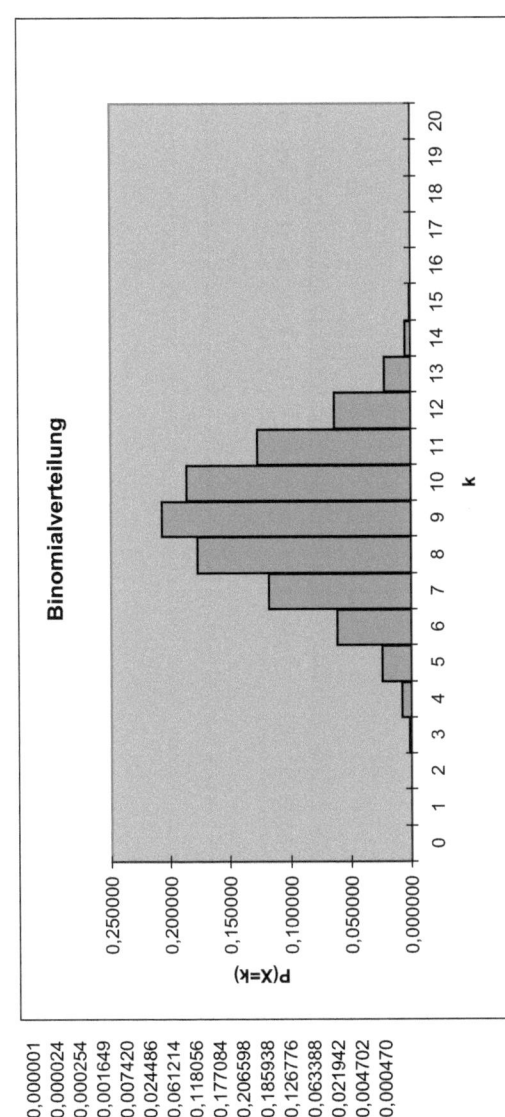

n = 15
p = 0,6

k =		
0	0,000001
1	0,000024
2	0,000254
3	0,001649
4	0,007420
5	0,024486
6	0,061214
7	0,118056
8	0,177084
9	0,206598
10	0,185938
11	0,126776
12	0,063388
13	0,021942
14	0,004702
15	0,000470

134

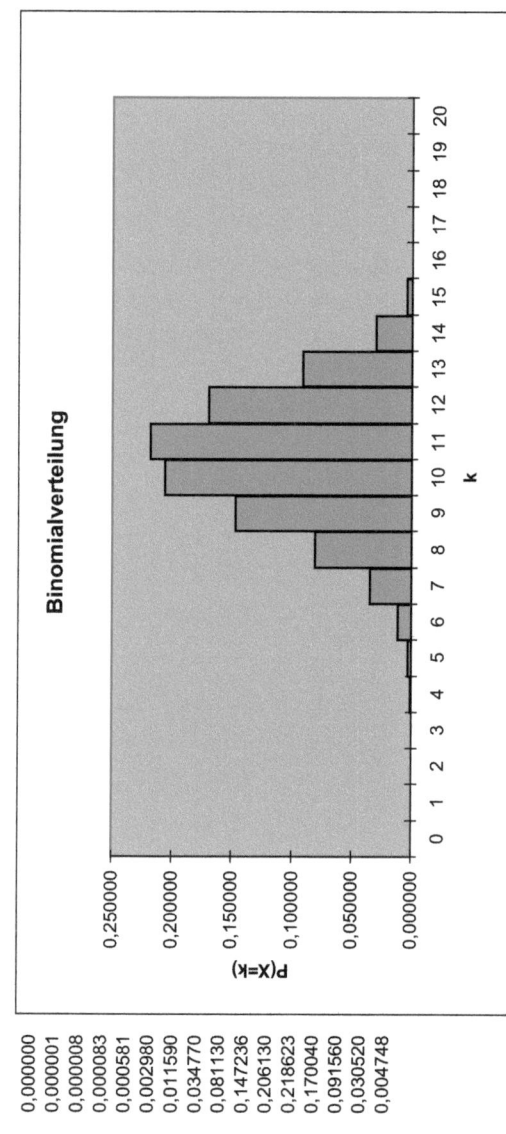

n = 15
p = 0,7

k =	
0	0,000000
1	0,000001
2	0,000008
3	0,000083
4	0,000581
5	0,002980
6	0,011590
7	0,034770
8	0,081130
9	0,147236
10	0,206130
11	0,218623
12	0,170040
13	0,091560
14	0,030520
15	0,004748

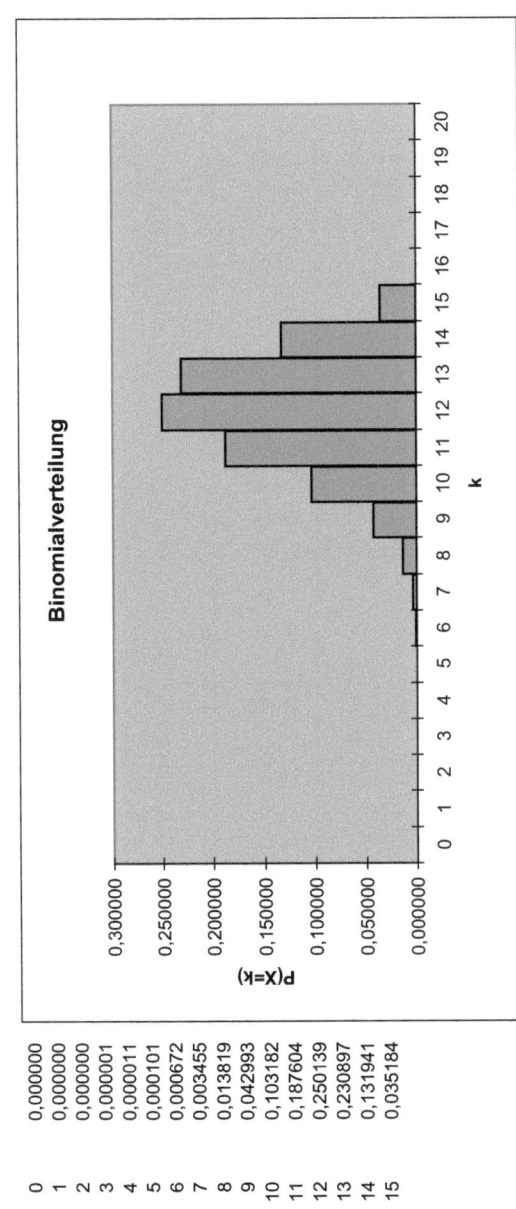

n = 15
p = 0,8

k =		
	0	0,000000
	1	0,000000
	2	0,000000
	3	0,000001
	4	0,000011
	5	0,000101
	6	0,000672
	7	0,003455
	8	0,013819
	9	0,042993
	10	0,103182
	11	0,187604
	12	0,250139
	13	0,230897
	14	0,131941
	15	0,035184

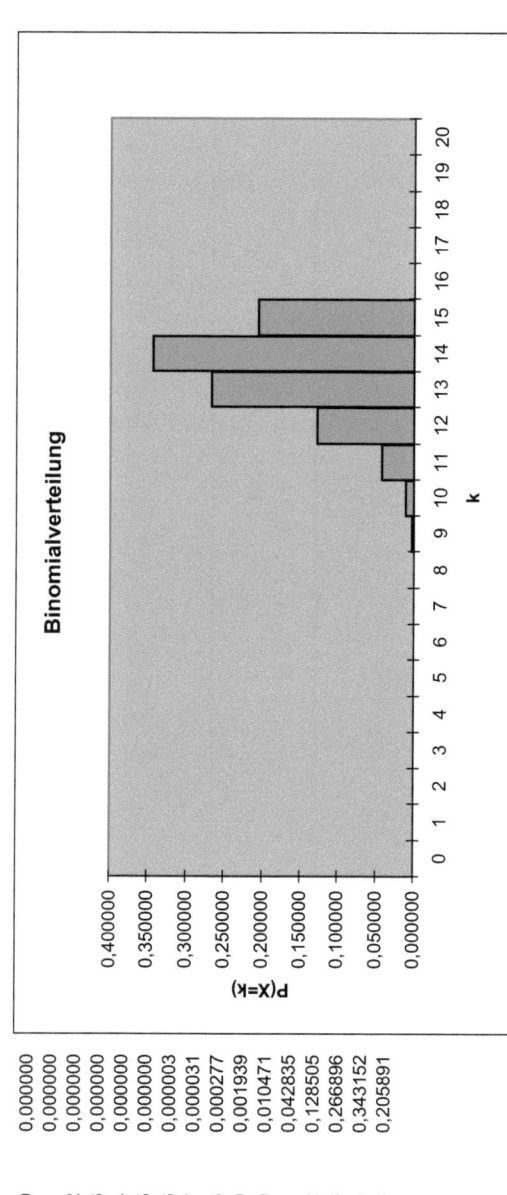

Binomialverteilung

n = 15
p = 0,9

k =	
0	0,000000
1	0,000000
2	0,000000
3	0,000000
4	0,000000
5	0,000000
6	0,000003
7	0,000031
8	0,000277
9	0,001939
10	0,010471
11	0,042835
12	0,128505
13	0,266896
14	0,343152
15	0,205891

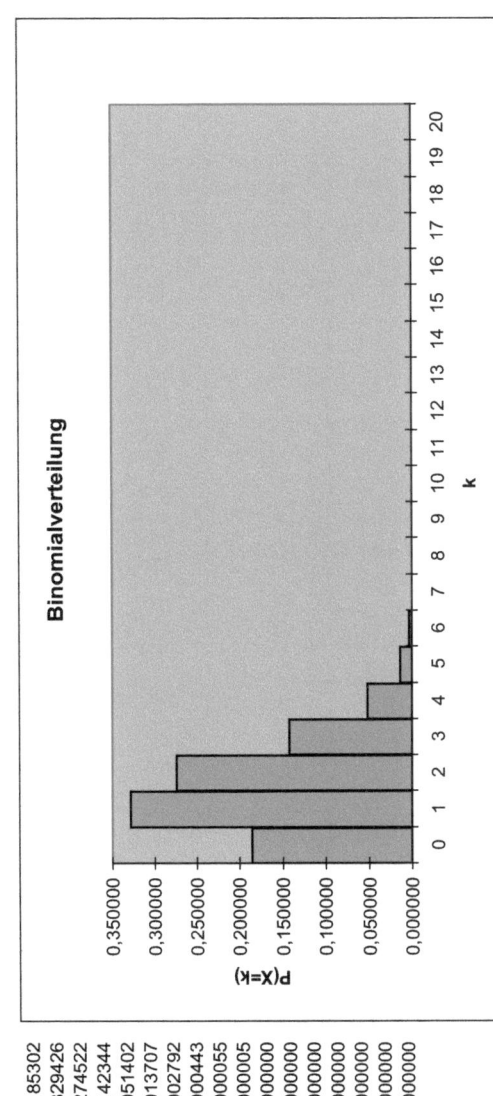

n = 16
p = 0,1

k =		
	0	0,185302
	1	0,329426
	2	0,274522
	3	0,142344
	4	0,051402
	5	0,013707
	6	0,002792
	7	0,000443
	8	0,000055
	9	0,000005
	10	0,000000
	11	0,000000
	12	0,000000
	13	0,000000
	14	0,000000
	15	0,000000
	16	0,000000

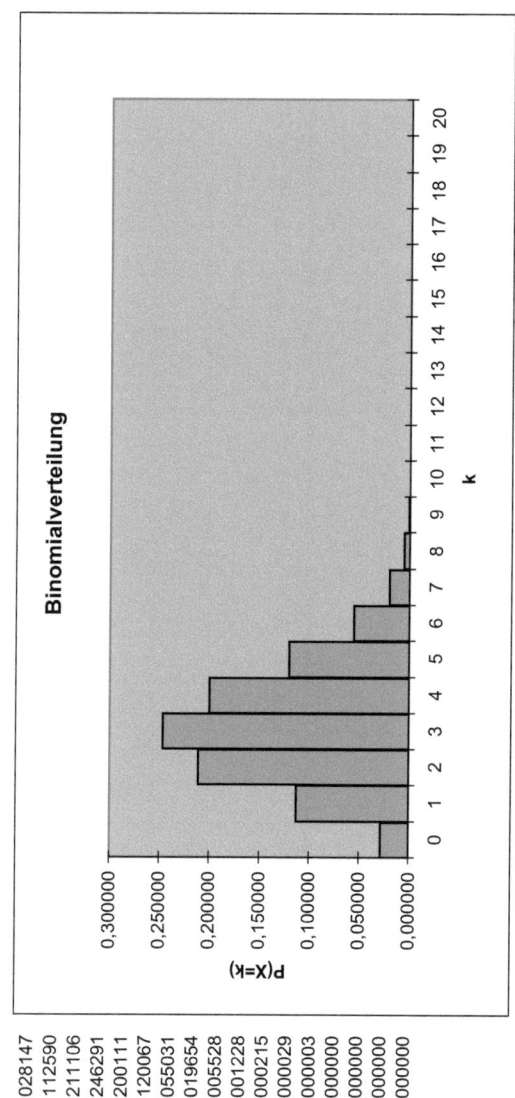

Binomialverteilung

n = 16
p = 0,2

k =	
0	0,028147
1	0,112590
2	0,211106
3	0,246291
4	0,200111
5	0,120067
6	0,055031
7	0,019654
8	0,005528
9	0,001228
10	0,000215
11	0,000029
12	0,000003
13	0,000000
14	0,000000
15	0,000000
16	0,000000

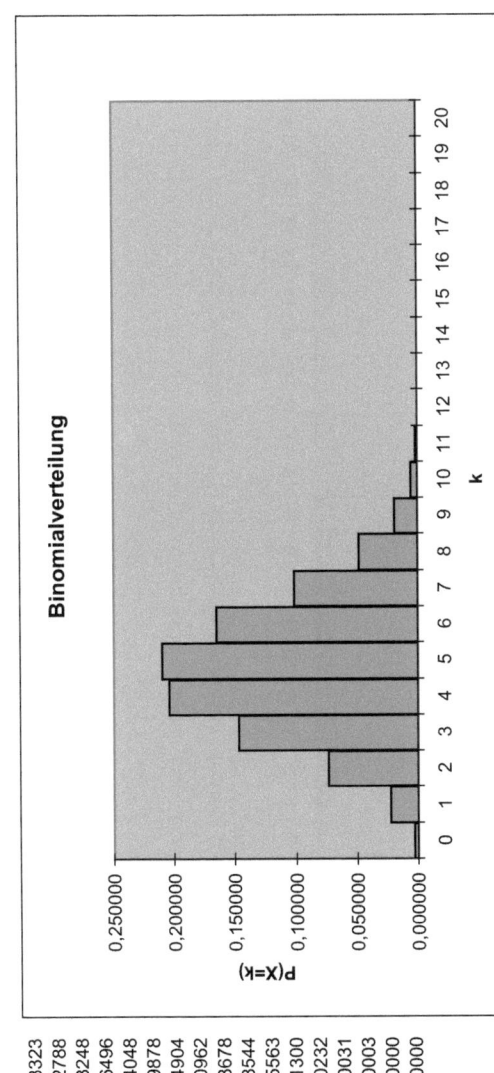

n	=	16		
p	=	0,3		
k =	0			0,003323
	1			0,022788
	2			0,073248
	3			0,146496
	4			0,204048
	5			0,209878
	6			0,164904
	7			0,100962
	8			0,048678
	9			0,018544
	10			0,005563
	11			0,001300
	12			0,000232
	13			0,000031
	14			0,000003
	15			0,000000
	16			0,000000

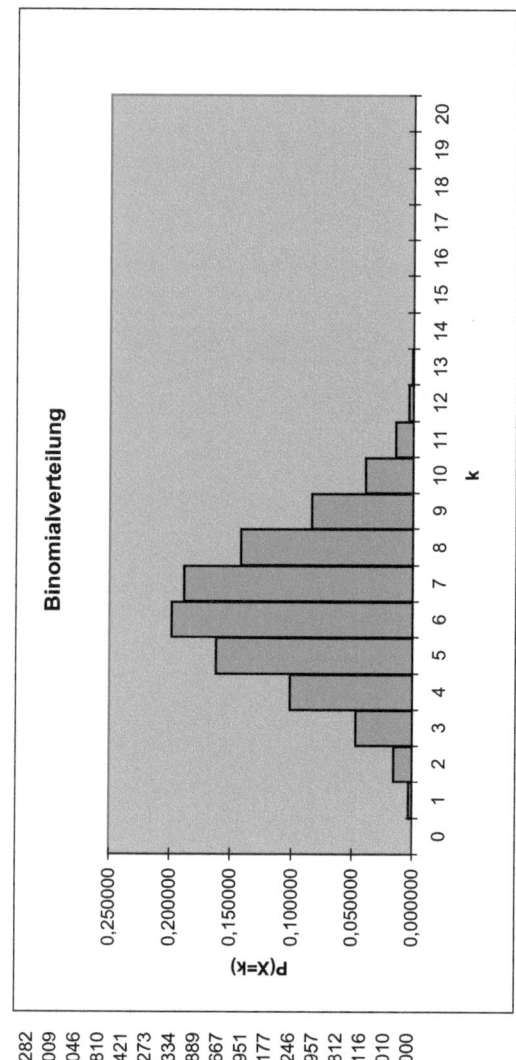

n = 16
p = 0,4

k =	
0	0,000282
1	0,003009
2	0,015046
3	0,046810
4	0,101421
5	0,162273
6	0,198334
7	0,188889
8	0,141667
9	0,083951
10	0,039177
11	0,014246
12	0,003957
13	0,000812
14	0,000116
15	0,000010
16	0,000000

Binomialverteilung

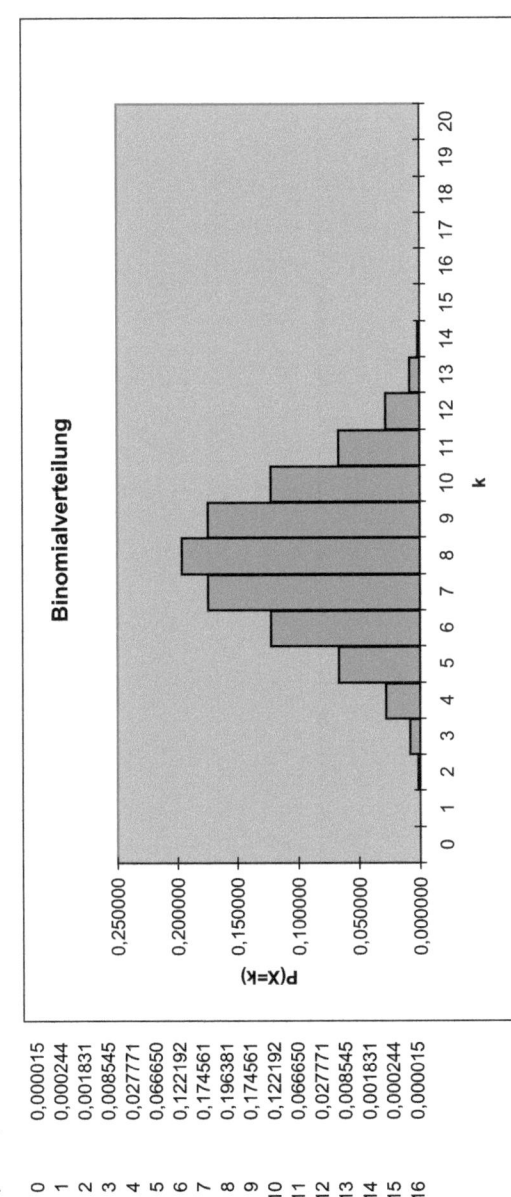

n = 16
p = 0,5

k =
0	0,000015
1	0,000244
2	0,001831
3	0,008545
4	0,027771
5	0,066650
6	0,122192
7	0,174561
8	0,196381
9	0,174561
10	0,122192
11	0,066650
12	0,027771
13	0,008545
14	0,001831
15	0,000244
16	0,000015

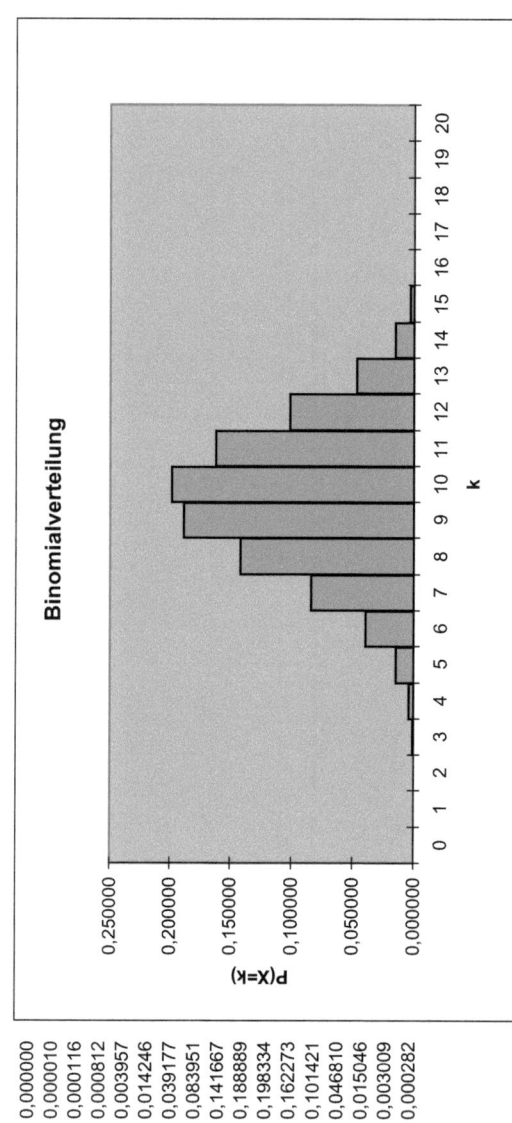

n = 16
p = 0,6

k =

k	P(X=k)
0	0,000000
1	0,000010
2	0,000116
3	0,000812
4	0,003957
5	0,014246
6	0,039177
7	0,083951
8	0,141667
9	0,188889
10	0,198334
11	0,162273
12	0,101421
13	0,046810
14	0,015046
15	0,003009
16	0,000282

Binomialverteilung

P(X=k)

0,250000
0,200000
0,150000
0,100000
0,050000
0,000000

0 1 2 3 4 5 6 7 8 9 10 11 12 13 14 15 16 17 18 19 20

k

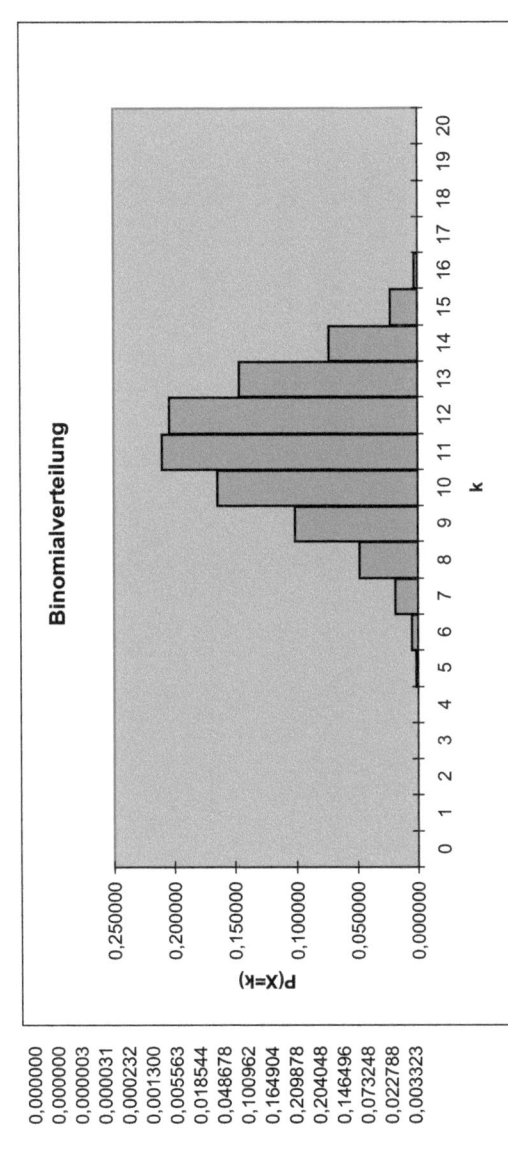

n = 16
p = 0,7

k =	
0	0,000000
1	0,000000
2	0,000003
3	0,000031
4	0,000232
5	0,001300
6	0,005563
7	0,018544
8	0,048678
9	0,100962
10	0,164904
11	0,209878
12	0,204048
13	0,146496
14	0,073248
15	0,022788
16	0,003323

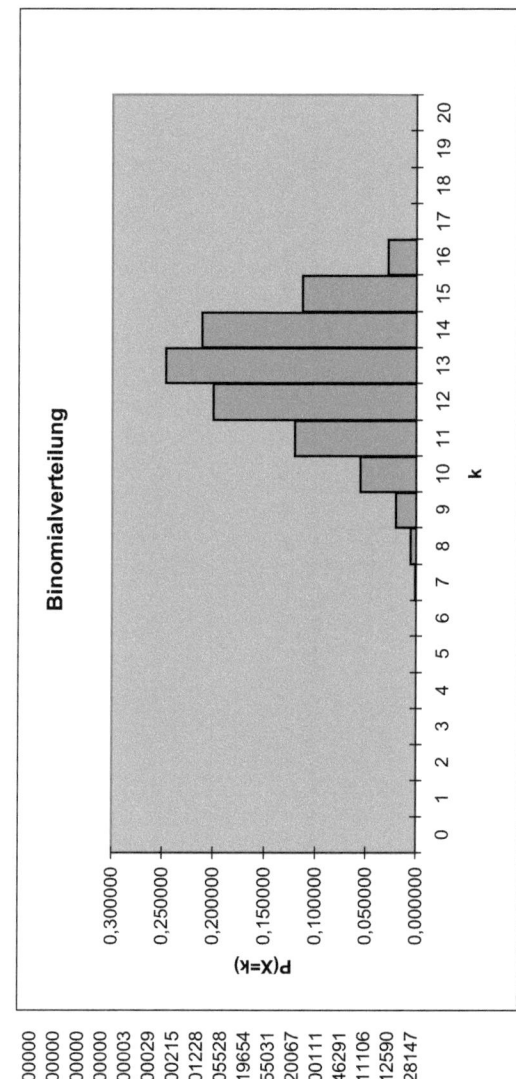

n = 16
p = 0,8

k =
0   0,000000
1   0,000000
2   0,000000
3   0,000000
4   0,000003
5   0,000029
6   0,000215
7   0,001228
8   0,005528
9   0,019654
10   0,055031
11   0,120067
12   0,200111
13   0,246291
14   0,211106
15   0,112590
16   0,028147

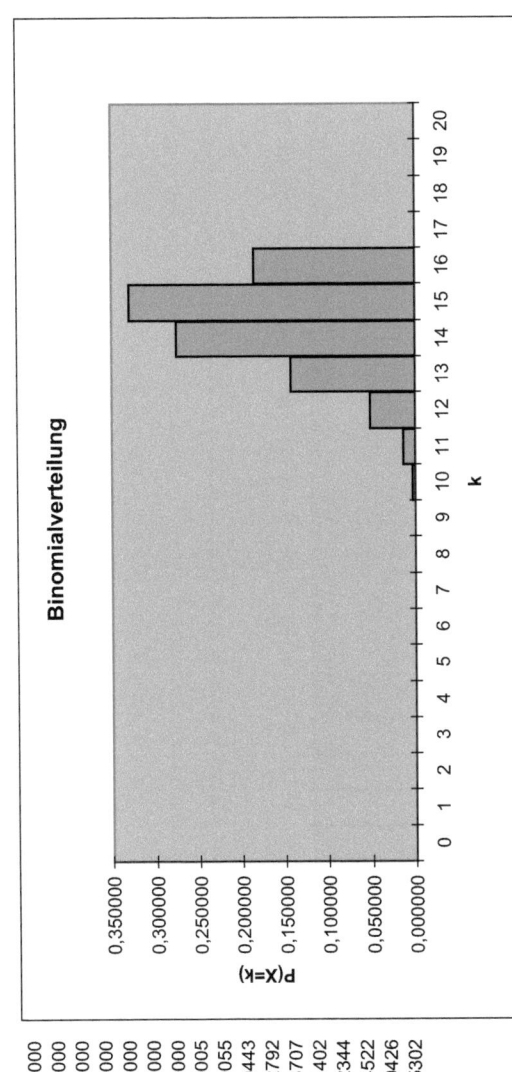

n = 16
p = 0,9

k =
0   0,000000
1   0,000000
2   0,000000
3   0,000000
4   0,000000
5   0,000000
6   0,000000
7   0,000005
8   0,000055
9   0,000443
10   0,002792
11   0,013707
12   0,051402
13   0,142344
14   0,274522
15   0,329426
16   0,185302

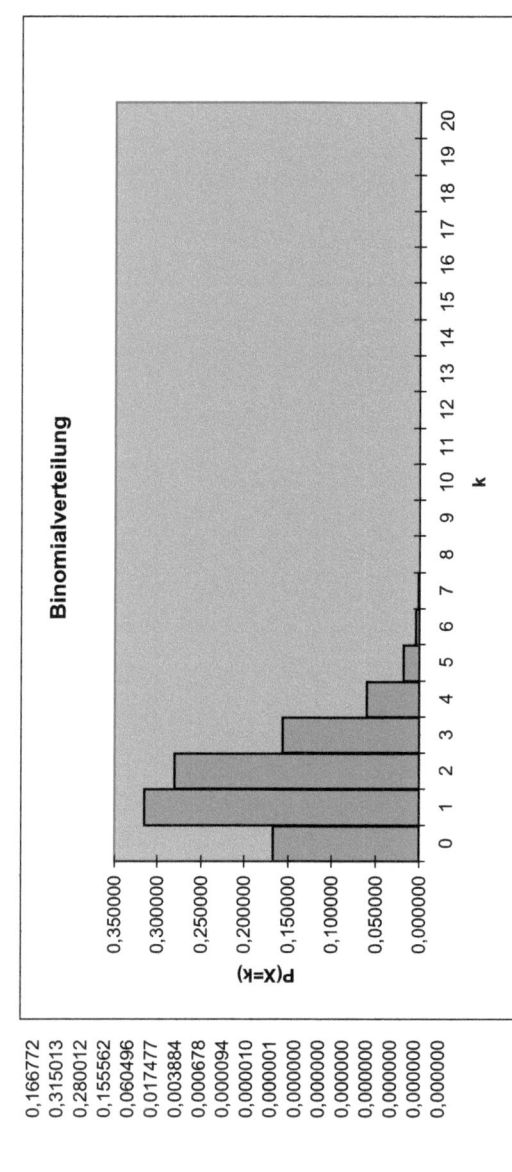

n = 17
p = 0,1

k =	
0	0,166772
1	0,315013
2	0,280012
3	0,155562
4	0,060496
5	0,017477
6	0,003884
7	0,000678
8	0,000094
9	0,000010
10	0,000001
11	0,000000
12	0,000000
13	0,000000
14	0,000000
15	0,000000
16	0,000000
17	0,000000

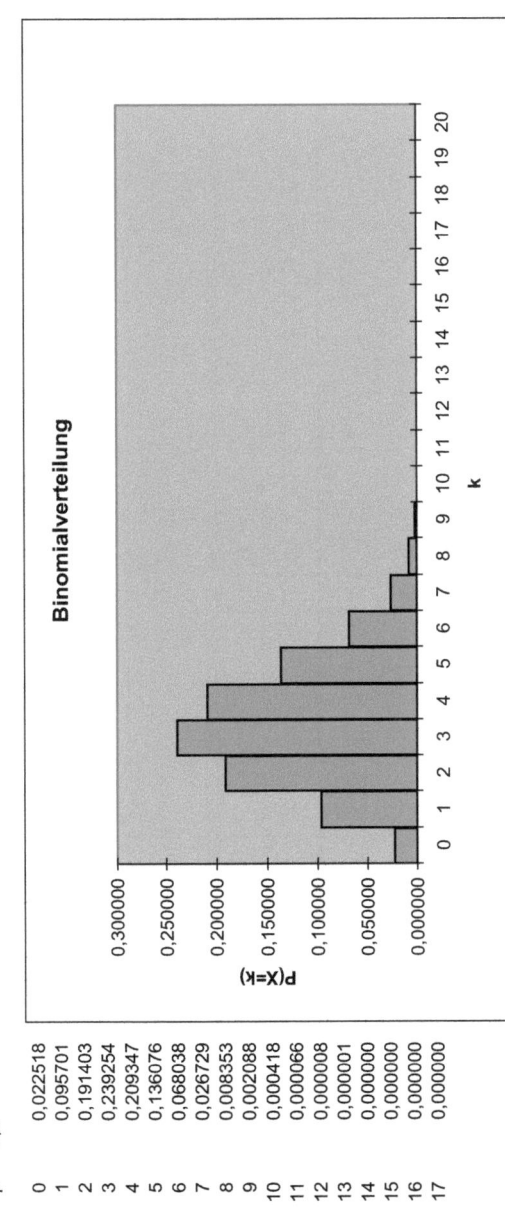

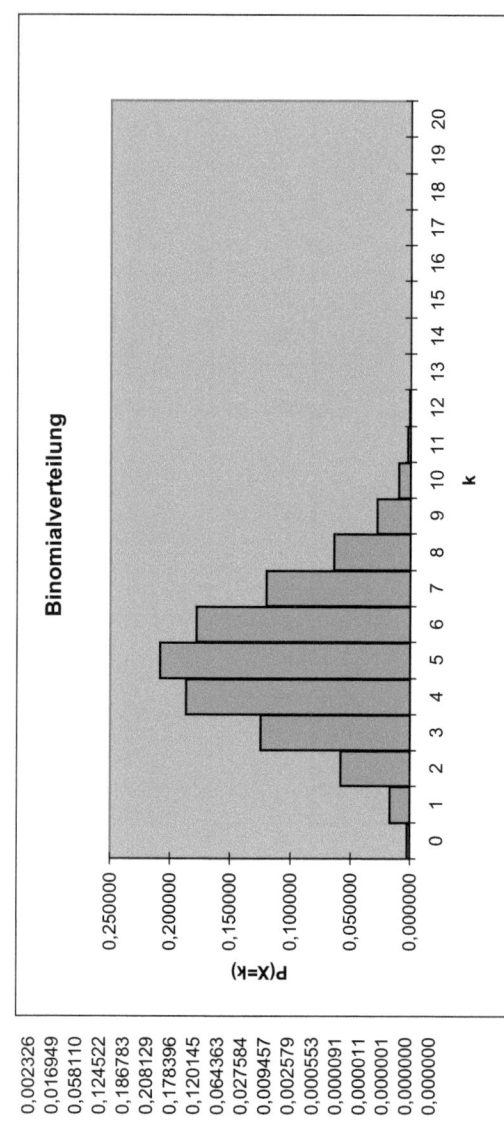

n = 17
p = 0,3

k =	
0	0,002326
1	0,016949
2	0,058110
3	0,124522
4	0,186783
5	0,208129
6	0,178396
7	0,120145
8	0,064363
9	0,027584
10	0,009457
11	0,002579
12	0,000553
13	0,000091
14	0,000011
15	0,000001
16	0,000000
17	0,000000

Binomialverteilung

n = 17
p = 0,4

k =	
0	0,000169
1	0,001918
2	0,010231
3	0,034104
4	0,079576
5	0,137932
6	0,183909
7	0,192667
8	0,160556
9	0,107037
10	0,057087
11	0,024219
12	0,008073
13	0,002070
14	0,000394
15	0,000053
16	0,000004
17	0,000000

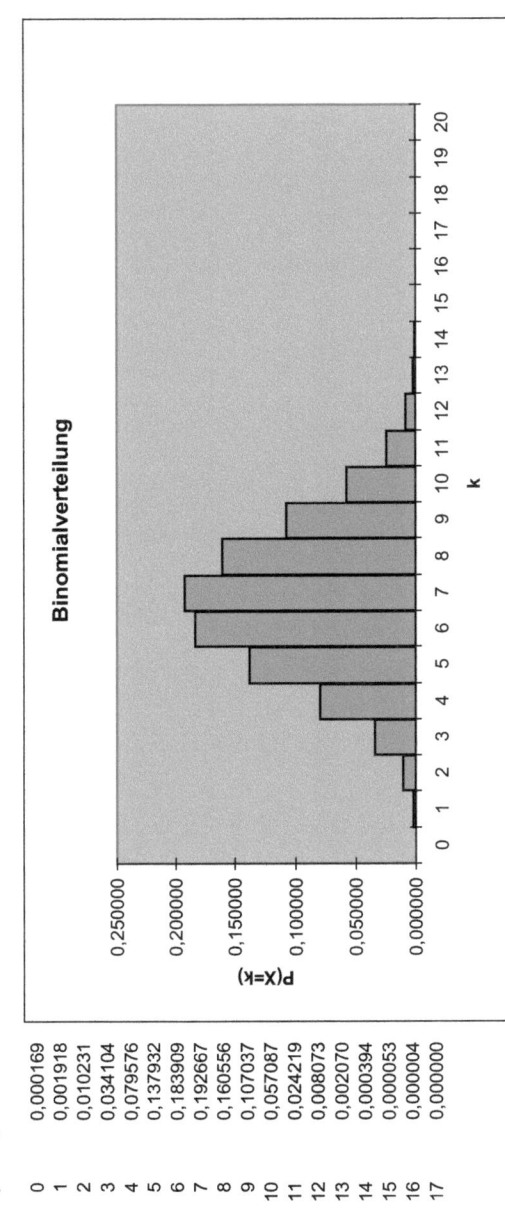

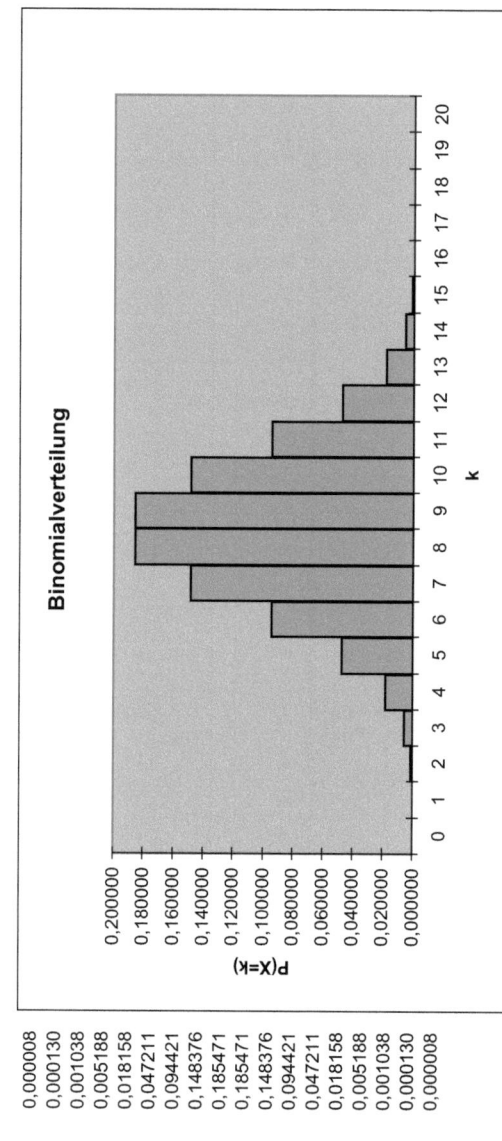

n = 17
p = 0,5

k =
0	0,000008
1	0,000130
2	0,001038
3	0,005188
4	0,018158
5	0,047211
6	0,094421
7	0,148376
8	0,185471
9	0,185471
10	0,148376
11	0,094421
12	0,047211
13	0,018158
14	0,005188
15	0,001038
16	0,000130
17	0,000008

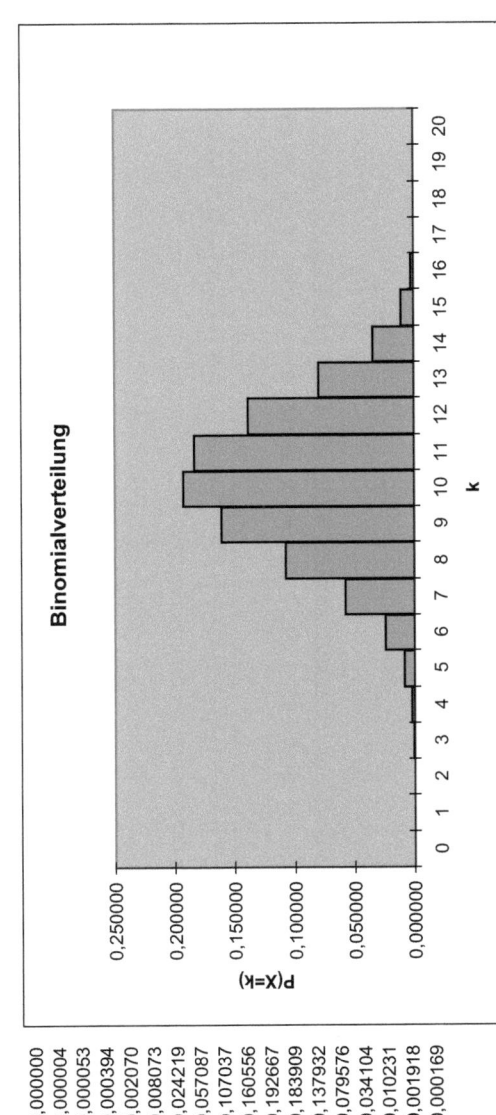

n = 17
p = 0,6

k =	
0	0,000000
1	0,000004
2	0,000053
3	0,000394
4	0,002070
5	0,008073
6	0,024219
7	0,057087
8	0,107037
9	0,160556
10	0,192667
11	0,183909
12	0,137932
13	0,079576
14	0,034104
15	0,010231
16	0,001918
17	0,000169

Binomialverteilung

P(X=k)

k

152

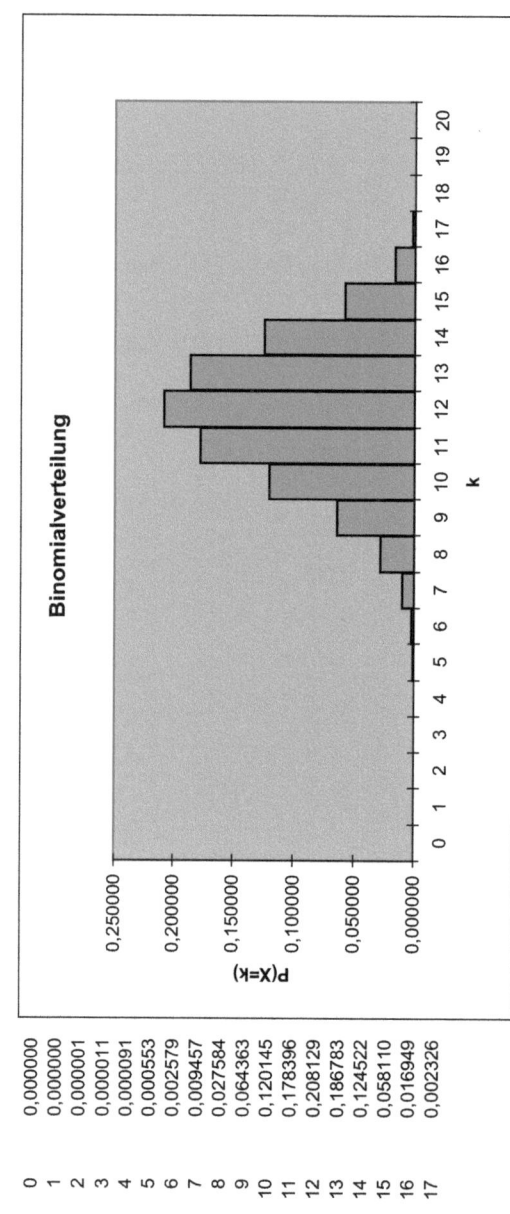

n = 17
p = 0,7

k =	
0	0,000000
1	0,000000
2	0,000001
3	0,000011
4	0,000091
5	0,000553
6	0,002579
7	0,009457
8	0,027584
9	0,064363
10	0,120145
11	0,178396
12	0,208129
13	0,186783
14	0,124522
15	0,058110
16	0,016949
17	0,002326

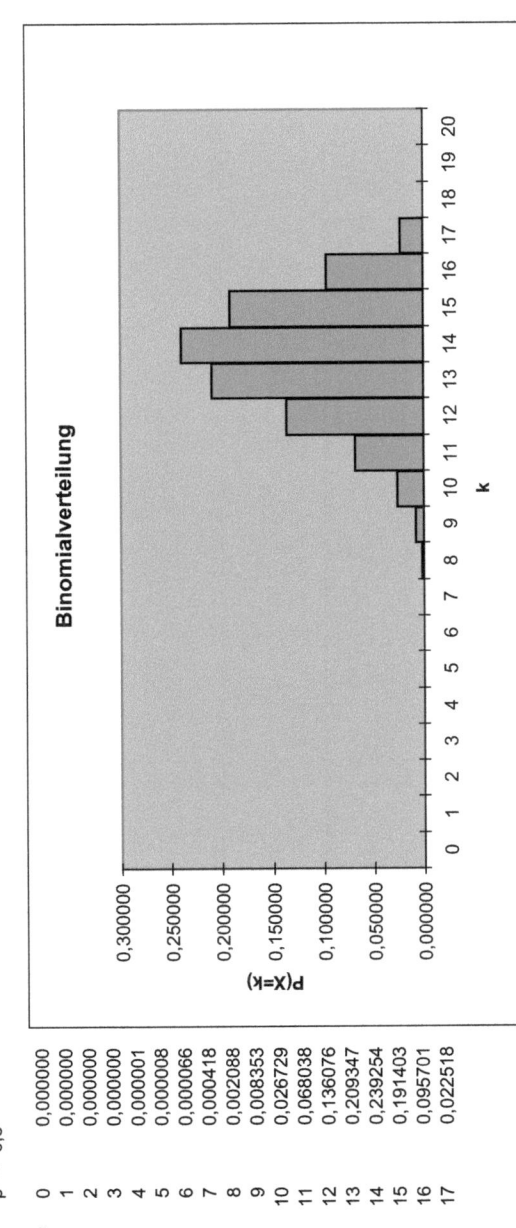

n = 17
p = 0,8

k =	
0	0,000000
1	0,000000
2	0,000000
3	0,000000
4	0,000001
5	0,000008
6	0,000066
7	0,000418
8	0,002088
9	0,008353
10	0,026729
11	0,068038
12	0,136076
13	0,209347
14	0,239254
15	0,191403
16	0,095701
17	0,022518

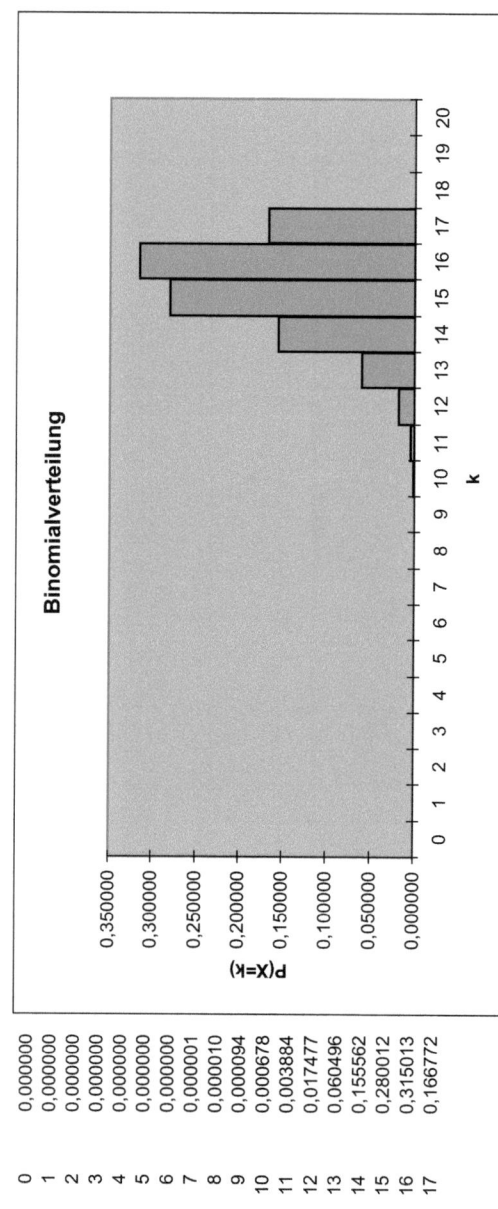

n = 17
p = 0,9

k =	
0	0,000000
1	0,000000
2	0,000000
3	0,000000
4	0,000000
5	0,000000
6	0,000000
7	0,000001
8	0,000010
9	0,000094
10	0,000678
11	0,003884
12	0,017477
13	0,060496
14	0,155562
15	0,280012
16	0,315013
17	0,166772

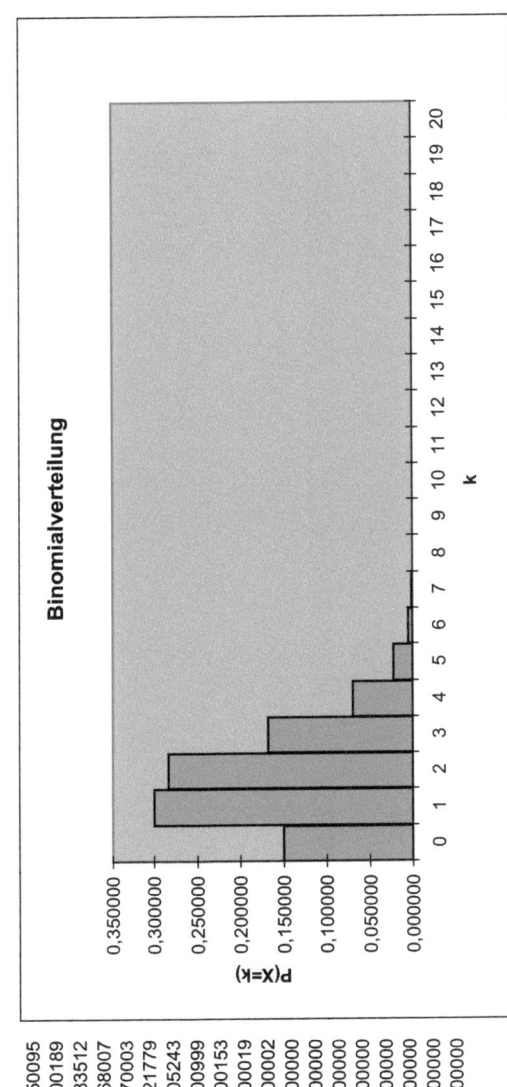

n = 18
p = 0,1

k =	
0	0,150095
1	0,300189
2	0,283512
3	0,168007
4	0,070003
5	0,021779
6	0,005243
7	0,000999
8	0,000153
9	0,000019
10	0,000002
11	0,000000
12	0,000000
13	0,000000
14	0,000000
15	0,000000
16	0,000000
17	0,000000
18	0,000000

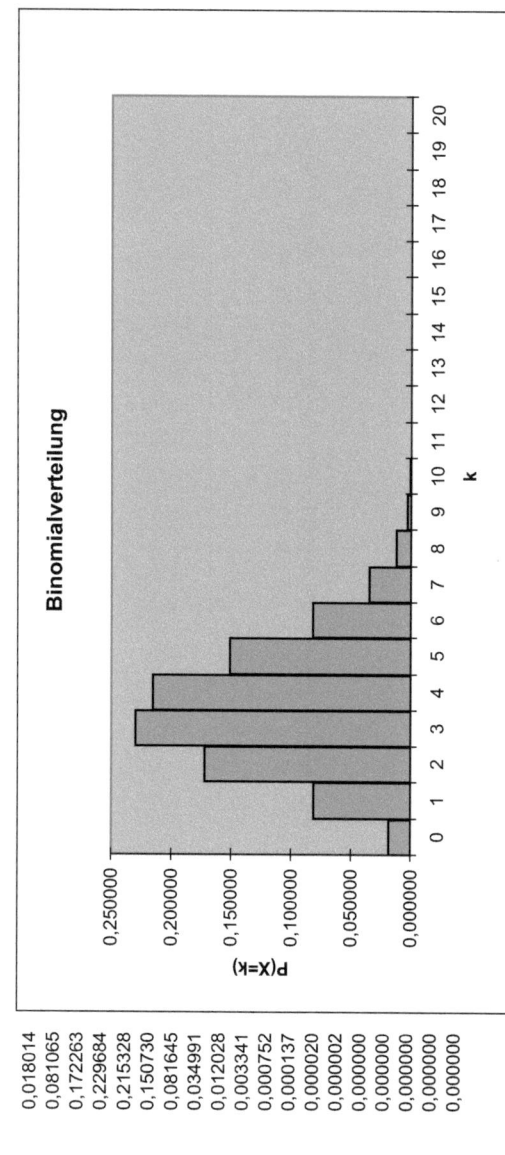

n = 18
p = 0,2

k =	
0	0,018014
1	0,081065
2	0,172263
3	0,229684
4	0,215328
5	0,150730
6	0,081645
7	0,034991
8	0,012028
9	0,003341
10	0,000752
11	0,000137
12	0,000020
13	0,000002
14	0,000000
15	0,000000
16	0,000000
17	0,000000
18	0,000000

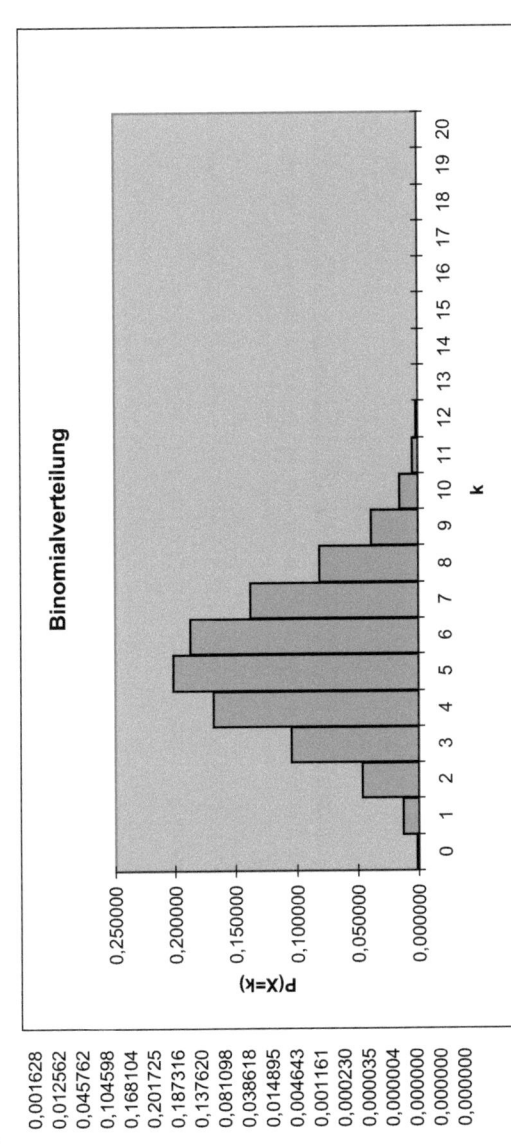

n = 18
p = 0,3

k =	
0	0,001628
1	0,012562
2	0,045762
3	0,104598
4	0,168104
5	0,201725
6	0,187316
7	0,137620
8	0,081098
9	0,038618
10	0,014895
11	0,004643
12	0,001161
13	0,000230
14	0,000035
15	0,000004
16	0,000000
17	0,000000
18	0,000000

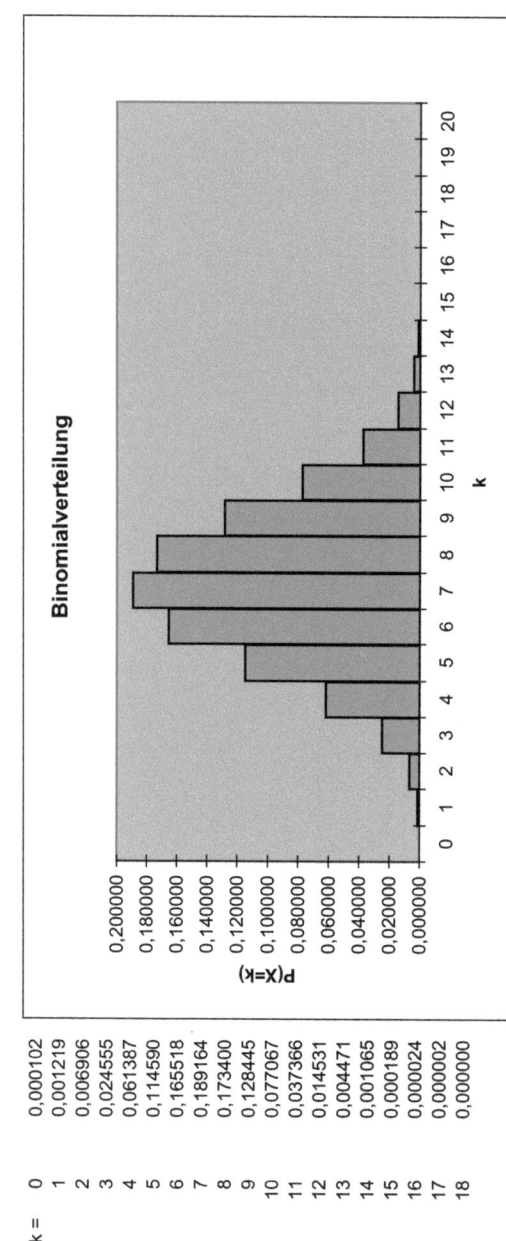

n = 18
p = 0,4

k =		
0	0,000102
1	0,001219
2	0,006906
3	0,024555
4	0,061387
5	0,114590
6	0,165518
7	0,189164
8	0,173400
9	0,128445
10	0,077067
11	0,037366
12	0,014531
13	0,004471
14	0,001065
15	0,000189
16	0,000024
17	0,000002
18	0,000000

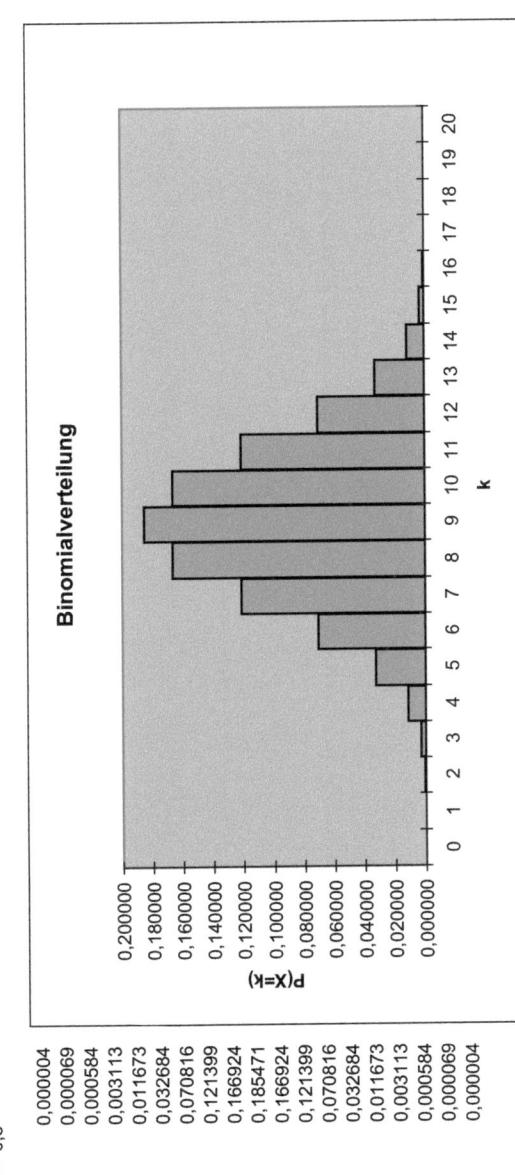

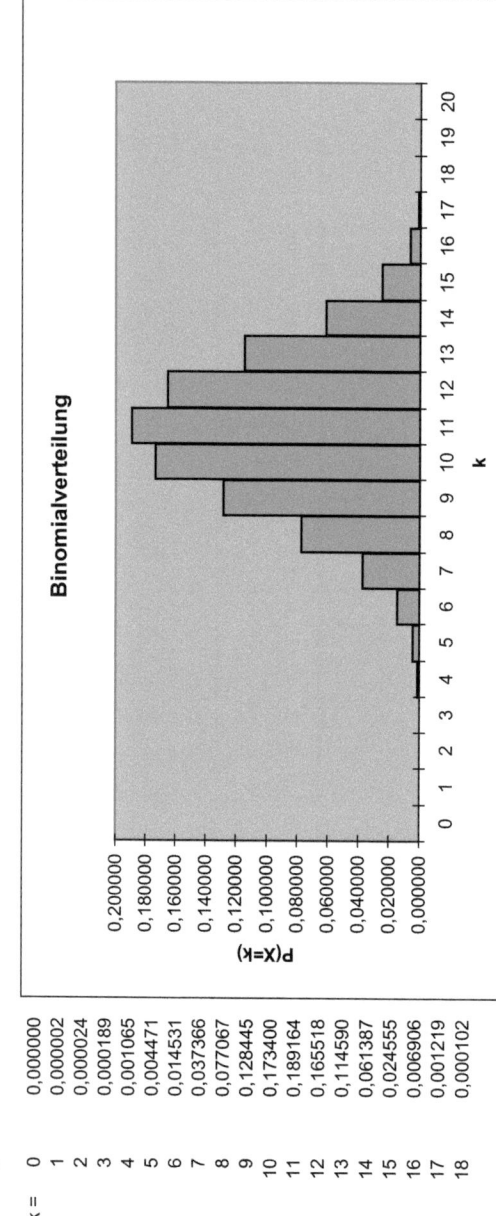

n = 18
p = 0,6

k =	
0	0,000000
1	0,000002
2	0,000024
3	0,000189
4	0,001065
5	0,004471
6	0,014531
7	0,037366
8	0,077067
9	0,128445
10	0,173400
11	0,189164
12	0,165518
13	0,114590
14	0,061387
15	0,024555
16	0,006906
17	0,001219
18	0,000102

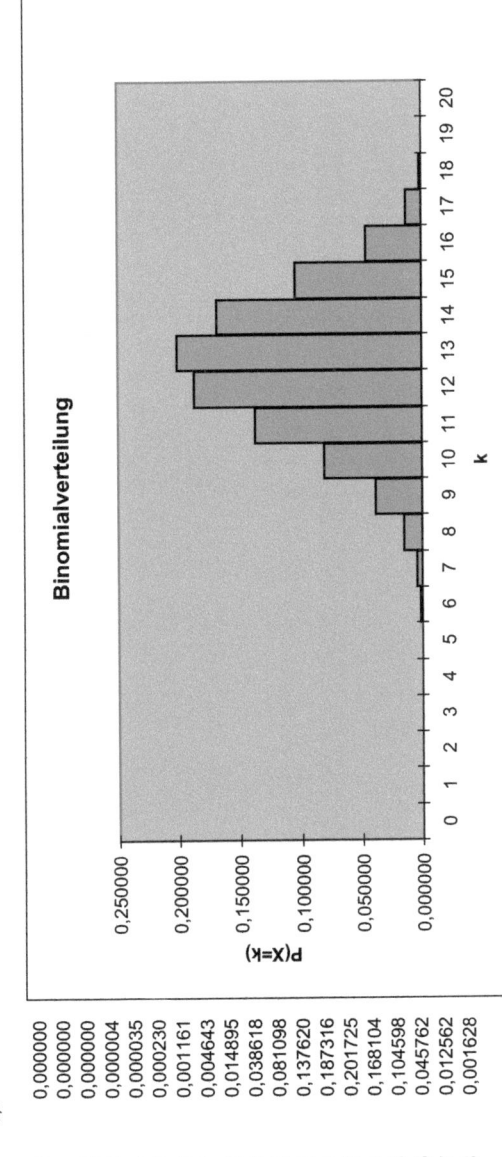

n = 18
p = 0,7

k =	
0	0,000000
1	0,000000
2	0,000000
3	0,000004
4	0,000035
5	0,000230
6	0,001161
7	0,004643
8	0,014895
9	0,038618
10	0,081098
11	0,137620
12	0,187316
13	0,201725
14	0,168104
15	0,104598
16	0,045762
17	0,012562
18	0,001628

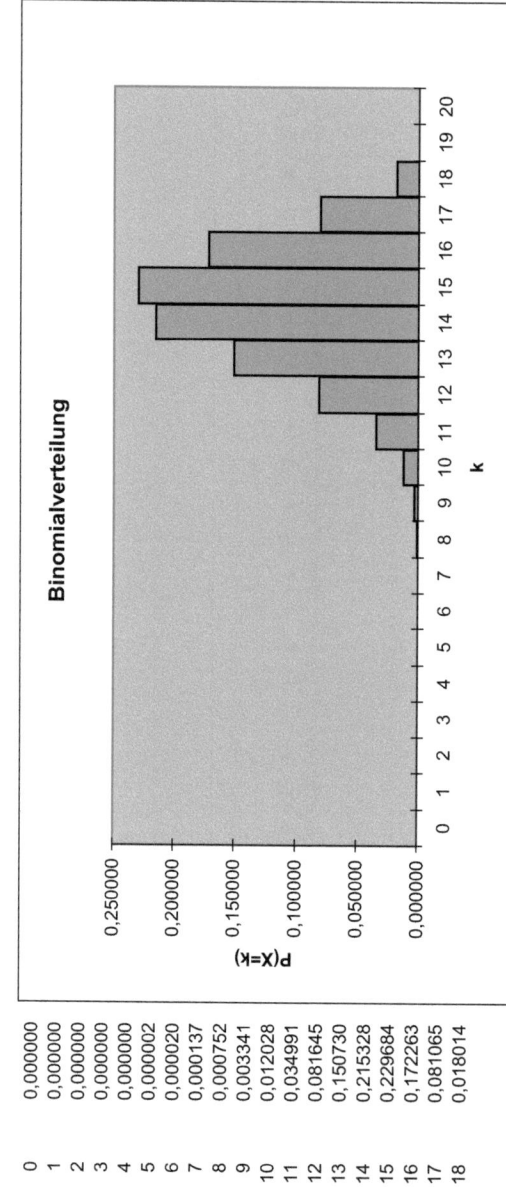

n = 18
p = 0,8

k =	
0	0,000000
1	0,000000
2	0,000000
3	0,000000
4	0,000002
5	0,000020
6	0,000137
7	0,000752
8	0,003341
9	0,012028
10	0,034991
11	0,081645
12	0,150730
13	0,215328
14	0,229684
15	0,172263
16	0,081065
17	0,018014

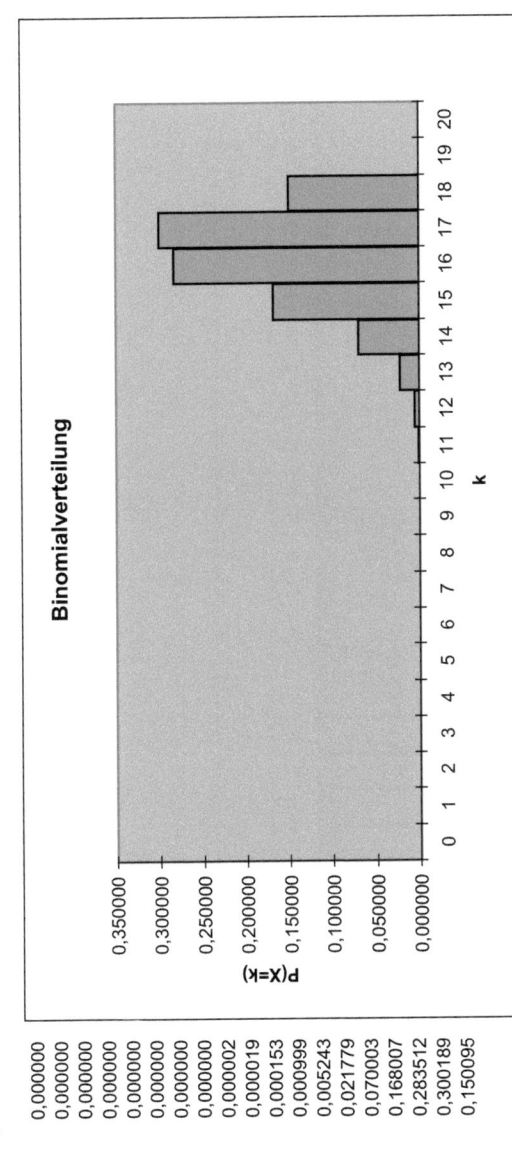

Binomialverteilung

n = 18
p = 0,9

k =

0	0,000000
1	0,000000
2	0,000000
3	0,000000
4	0,000000
5	0,000000
6	0,000000
7	0,000000
8	0,000002
9	0,000019
10	0,000153
11	0,000999
12	0,005243
13	0,021779
14	0,070003
15	0,168007
16	0,283512
17	0,300189
18	0,150095

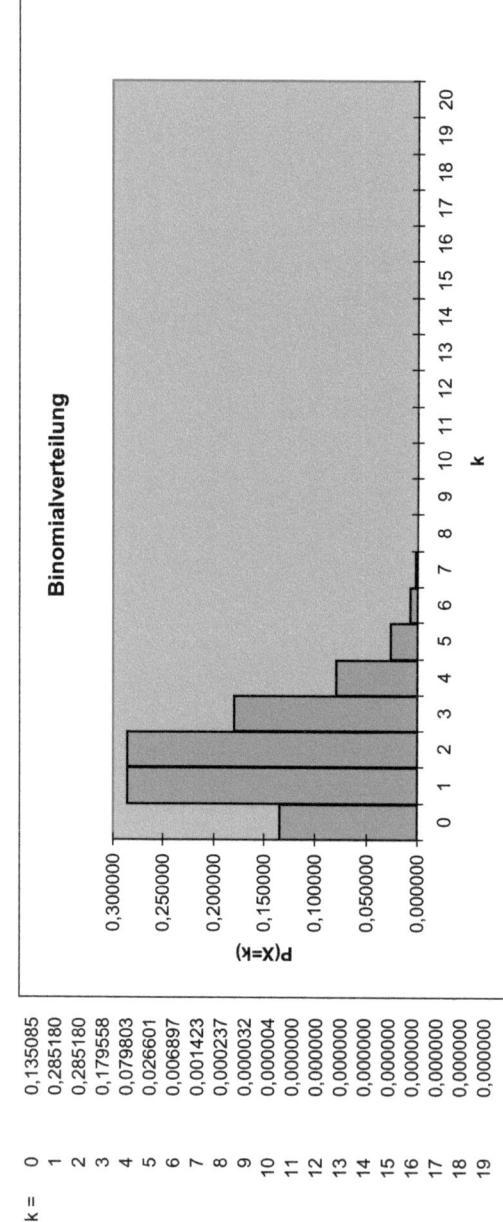

n = 19
p = 0,1

k =	
0	0,135085
1	0,285180
2	0,285180
3	0,179558
4	0,079803
5	0,026601
6	0,006897
7	0,001423
8	0,000237
9	0,000032
10	0,000004
11	0,000000
12	0,000000
13	0,000000
14	0,000000
15	0,000000
16	0,000000
17	0,000000
18	0,000000
19	0,000000

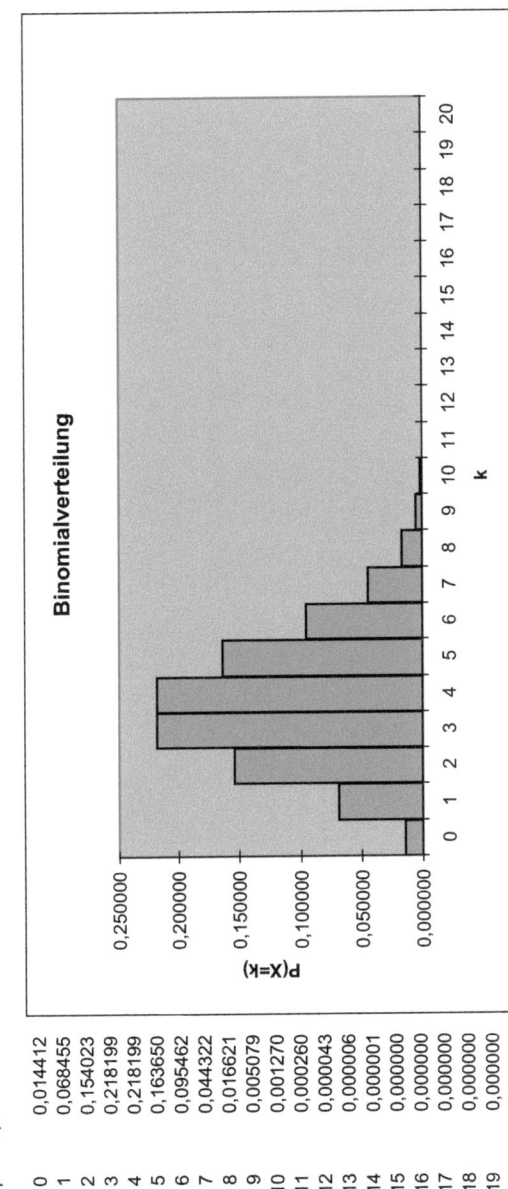

n = 19
p = 0,2

k =	
0	0,014412
1	0,068455
2	0,154023
3	0,218199
4	0,218199
5	0,163650
6	0,095462
7	0,044322
8	0,016621
9	0,005079
10	0,001270
11	0,000260
12	0,000043
13	0,000006
14	0,000001
15	0,000000
16	0,000000
17	0,000000
18	0,000000
19	0,000000

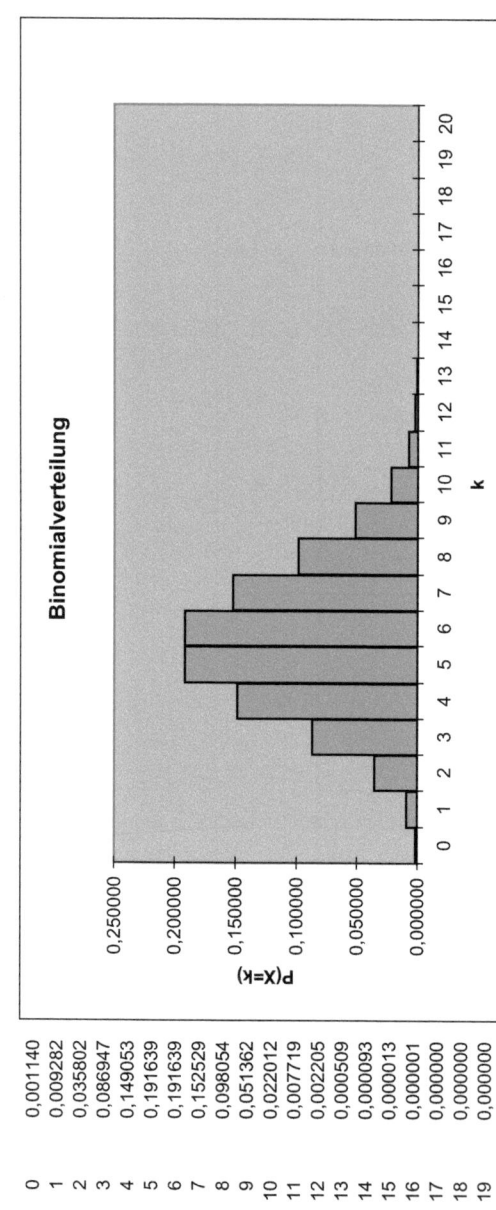

k =	
0	0,001140
1	0,009282
2	0,035802
3	0,086947
4	0,149053
5	0,191639
6	0,191639
7	0,152529
8	0,098054
9	0,051362
10	0,022012
11	0,007719
12	0,002205
13	0,000509
14	0,000093
15	0,000013
16	0,000001
17	0,000000
18	0,000000
19	0,000000

$n = 19$
$p = 0,3$

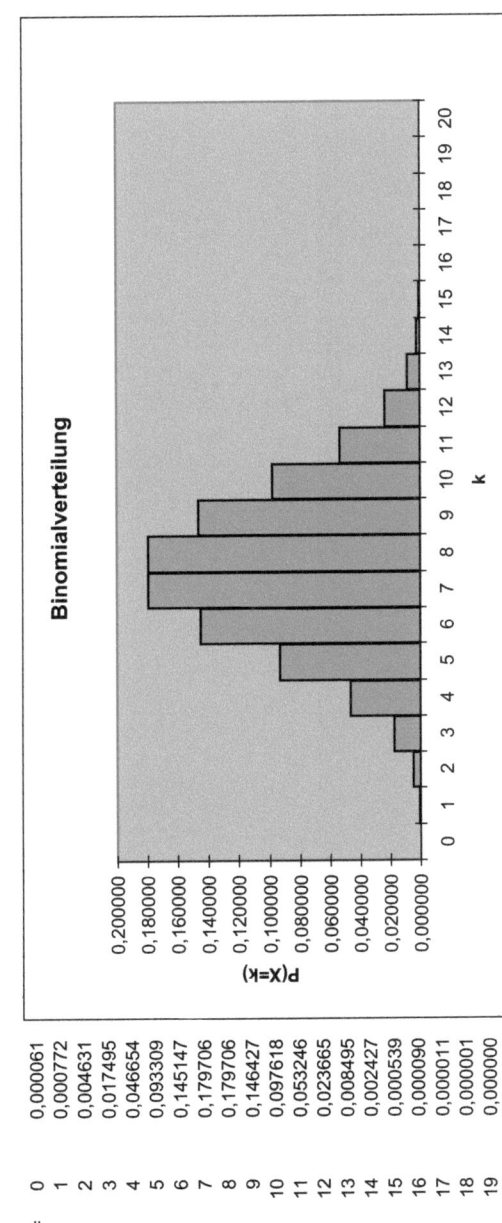

n = 19
p = 0,4

k =	
0	0,000061
1	0,000772
2	0,004631
3	0,017495
4	0,046654
5	0,093309
6	0,145147
7	0,179706
8	0,179706
9	0,146427
10	0,097618
11	0,053246
12	0,023665
13	0,008495
14	0,002427
15	0,000539
16	0,000090
17	0,000011
18	0,000001
19	0,000000

Binomialverteilung

n = 19
p = 0,5

k =	
0	0,000002
1	0,000036
2	0,000326
3	0,001848
4	0,007393
5	0,022179
6	0,051750
7	0,096107
8	0,144161
9	0,176197
10	0,176197
11	0,144161
12	0,096107
13	0,051750
14	0,022179
15	0,007393
16	0,001848
17	0,000326
18	0,000036
19	0,000002

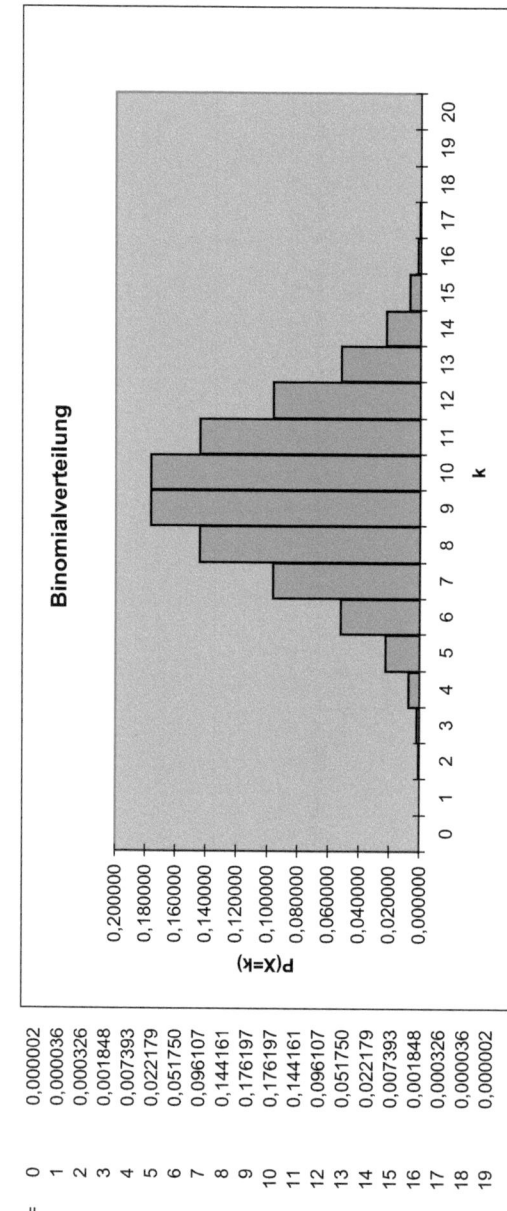

Binomialverteilung

169

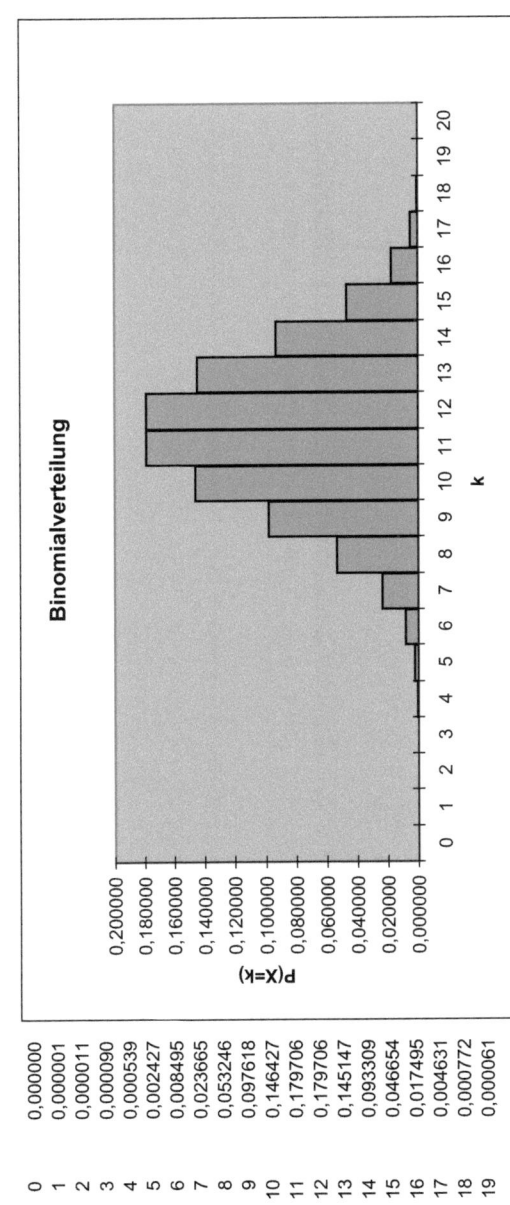

n = 19
p = 0,6

k =	
0	0,000000
1	0,000001
2	0,000011
3	0,000090
4	0,000539
5	0,002427
6	0,008495
7	0,023665
8	0,053246
9	0,097618
10	0,146427
11	0,179706
12	0,179706
13	0,145147
14	0,093309
15	0,046654
16	0,017495
17	0,004631
18	0,000772
19	0,000061

n = 19
p = 0,7

k =
k	P(X=k)
0	0,000000
1	0,000000
2	0,000000
3	0,000001
4	0,000013
5	0,000093
6	0,000509
7	0,002205
8	0,007719
9	0,022012
10	0,051362
11	0,098054
12	0,152529
13	0,191639
14	0,191639
15	0,149053
16	0,086947
17	0,035802
18	0,009282
19	0,001140

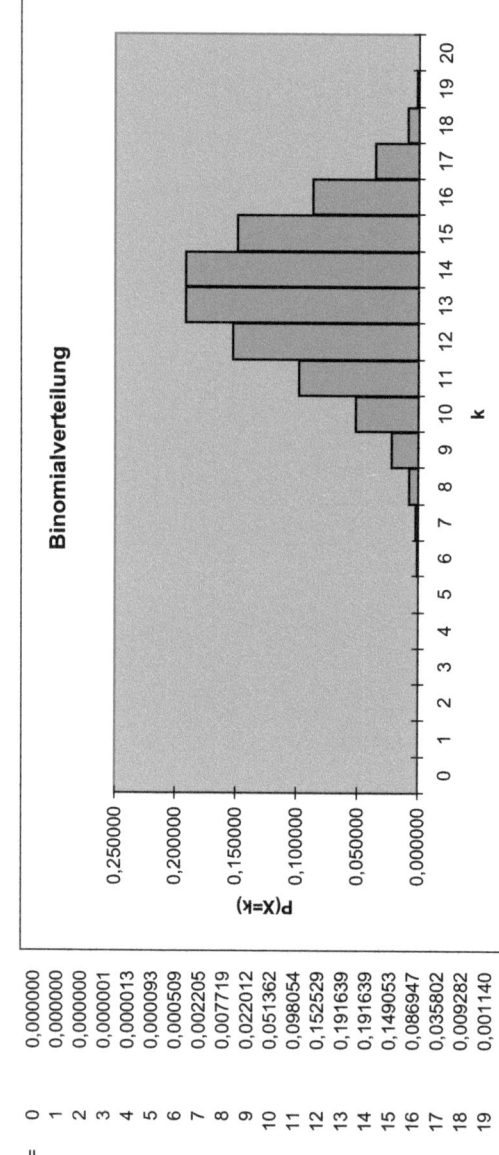

Binomialverteilung

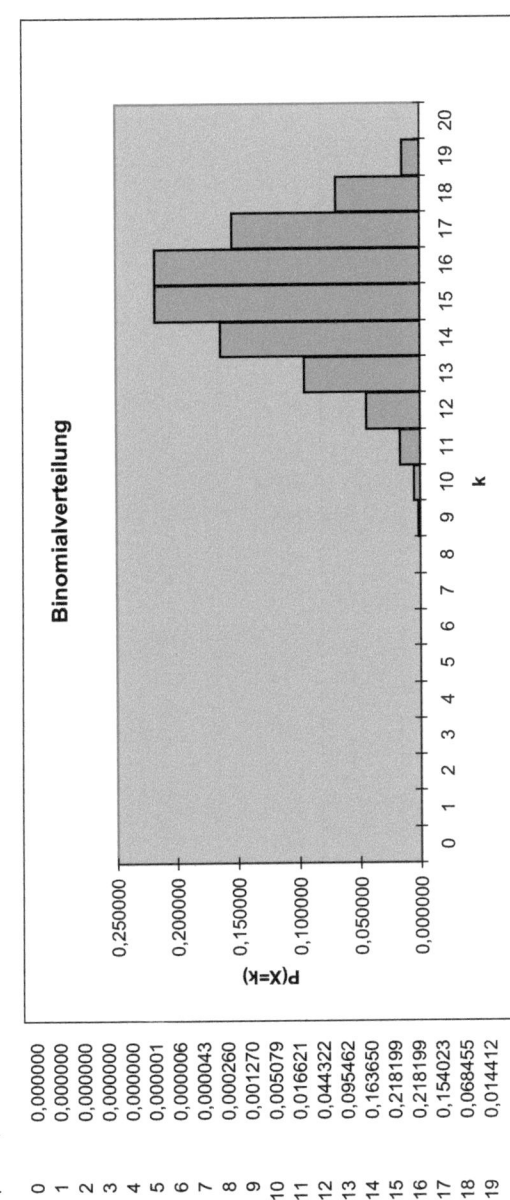

n = 19
p = 0,8

k =	
0	0,000000
1	0,000000
2	0,000000
3	0,000000
4	0,000000
5	0,000001
6	0,000006
7	0,000043
8	0,000260
9	0,001270
10	0,005079
11	0,016621
12	0,044322
13	0,095462
14	0,163650
15	0,218199
16	0,218199
17	0,154023
18	0,068455
19	0,014412

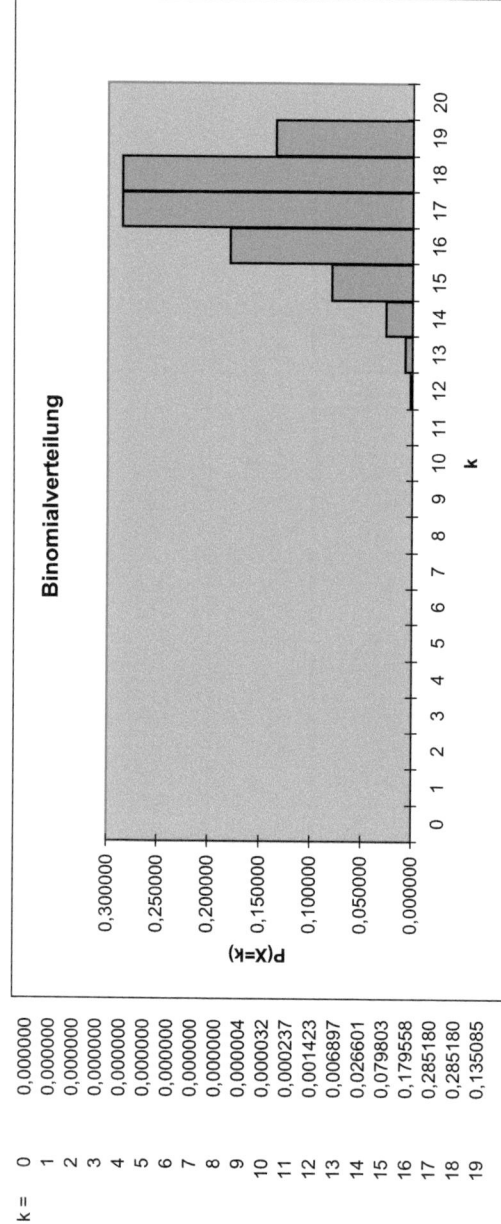

n = 19
p = 0,9

k =
k	P(X=k)
0	0,000000
1	0,000000
2	0,000000
3	0,000000
4	0,000000
5	0,000000
6	0,000000
7	0,000000
8	0,000000
9	0,000004
10	0,000032
11	0,000237
12	0,001423
13	0,006897
14	0,026601
15	0,079803
16	0,179558
17	0,285180
18	0,285180
19	0,135085

173

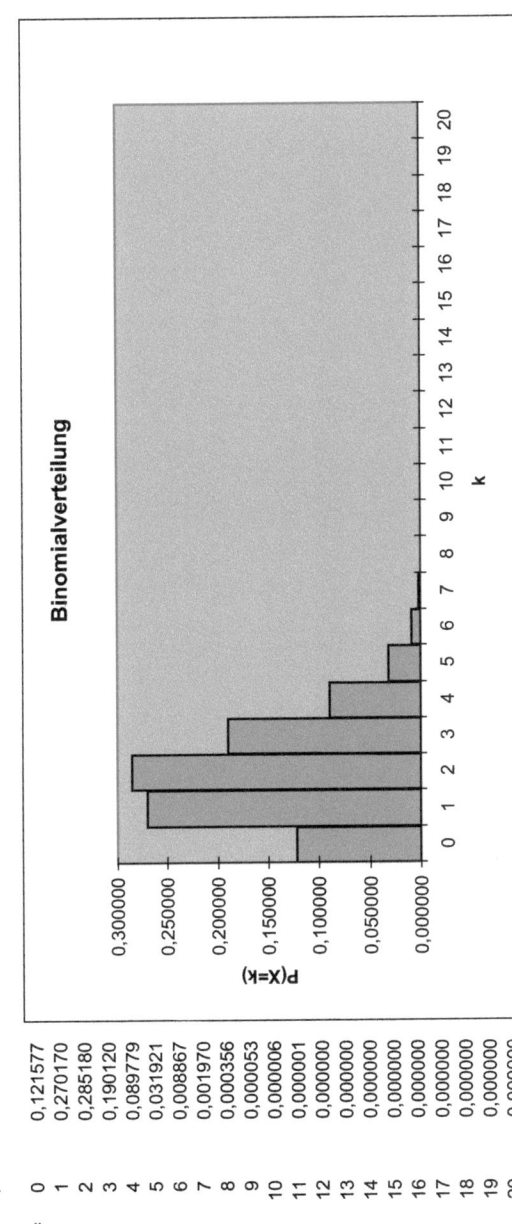

174

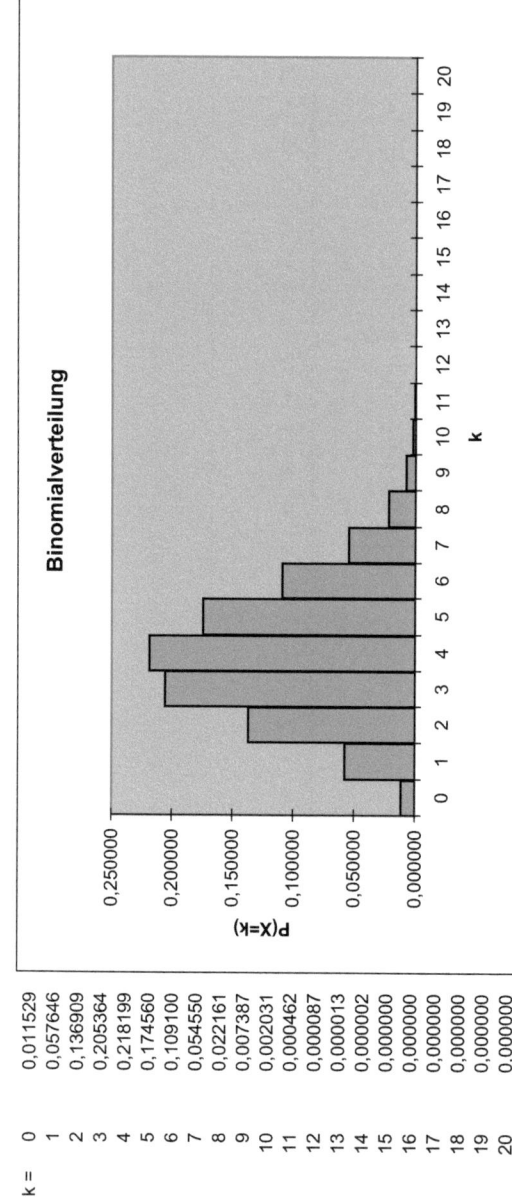

n = 20
p = 0,2

k = 0   0,011529
     1   0,057646
     2   0,136909
     3   0,205364
     4   0,218199
     5   0,174560
     6   0,109100
     7   0,054550
     8   0,022161
     9   0,007387
    10   0,002031
    11   0,000462
    12   0,000087
    13   0,000013
    14   0,000002
    15   0,000000
    16   0,000000
    17   0,000000
    18   0,000000
    19   0,000000
    20   0,000000

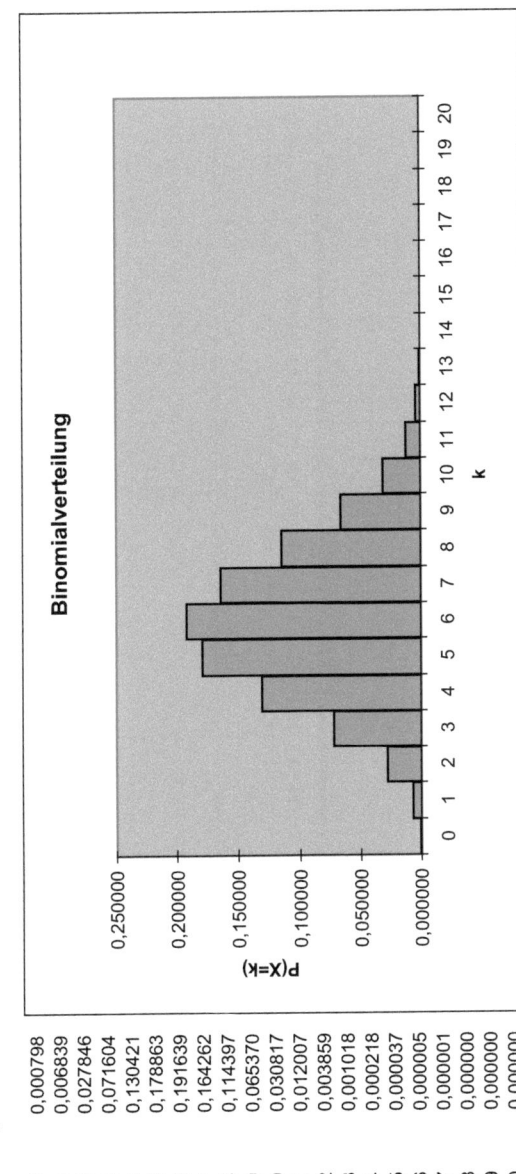

Binomialverteilung

n = 20
p = 0,3

k =	
0	0,000798
1	0,006839
2	0,027846
3	0,071604
4	0,130421
5	0,178863
6	0,191639
7	0,164262
8	0,114397
9	0,065370
10	0,030817
11	0,012007
12	0,003859
13	0,001018
14	0,000218
15	0,000037
16	0,000005
17	0,000001
18	0,000000
19	0,000000
20	0,000000

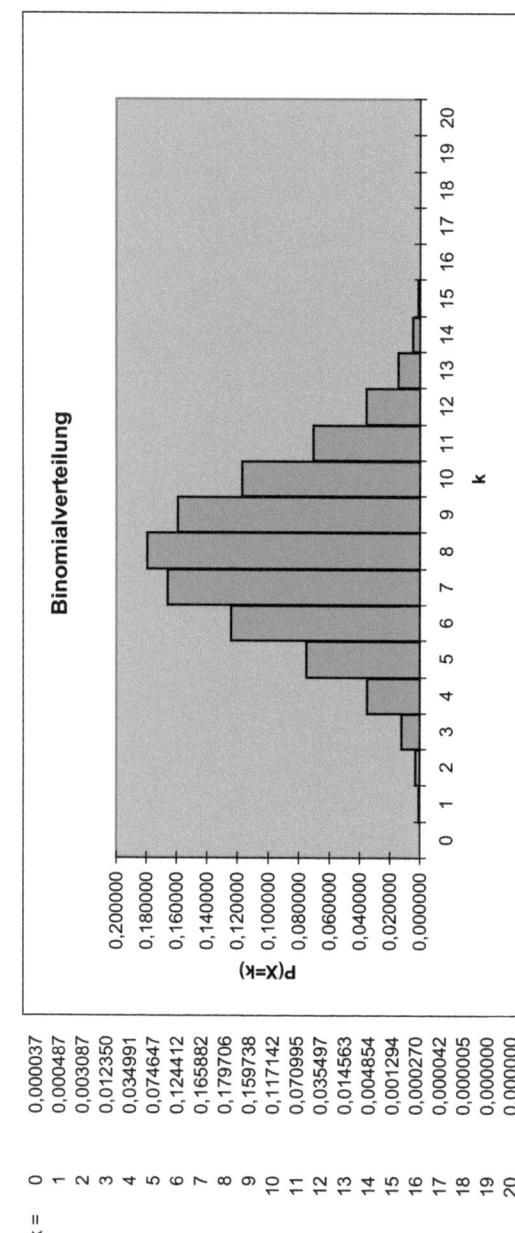

n = 20		
p = 0,4		
k =	0	0,000037
	1	0,000487
	2	0,003087
	3	0,012350
	4	0,034991
	5	0,074647
	6	0,124412
	7	0,165882
	8	0,179706
	9	0,159738
	10	0,117142
	11	0,070995
	12	0,035497
	13	0,014563
	14	0,004854
	15	0,001294
	16	0,000270
	17	0,000042
	18	0,000005
	19	0,000000
	20	0,000000

Binomialverteilung

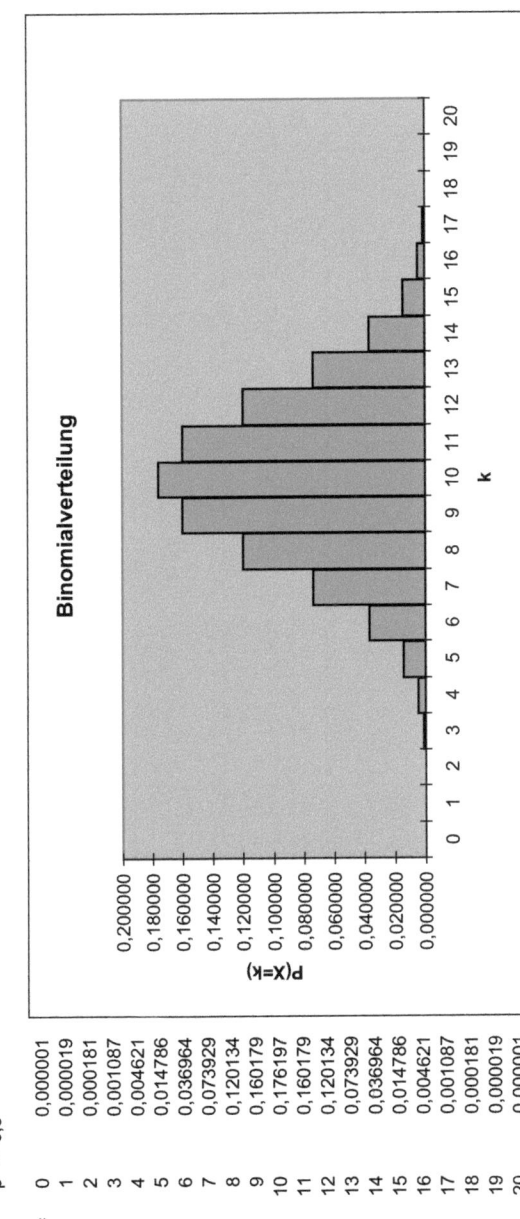

n = 20
p = 0,5

k =	
0	0,000001
1	0,000019
2	0,000181
3	0,001087
4	0,004621
5	0,014786
6	0,036964
7	0,073929
8	0,120134
9	0,160179
10	0,176197
11	0,160179
12	0,120134
13	0,073929
14	0,036964
15	0,014786
16	0,004621
17	0,001087
18	0,000181
19	0,000019
20	0,000001

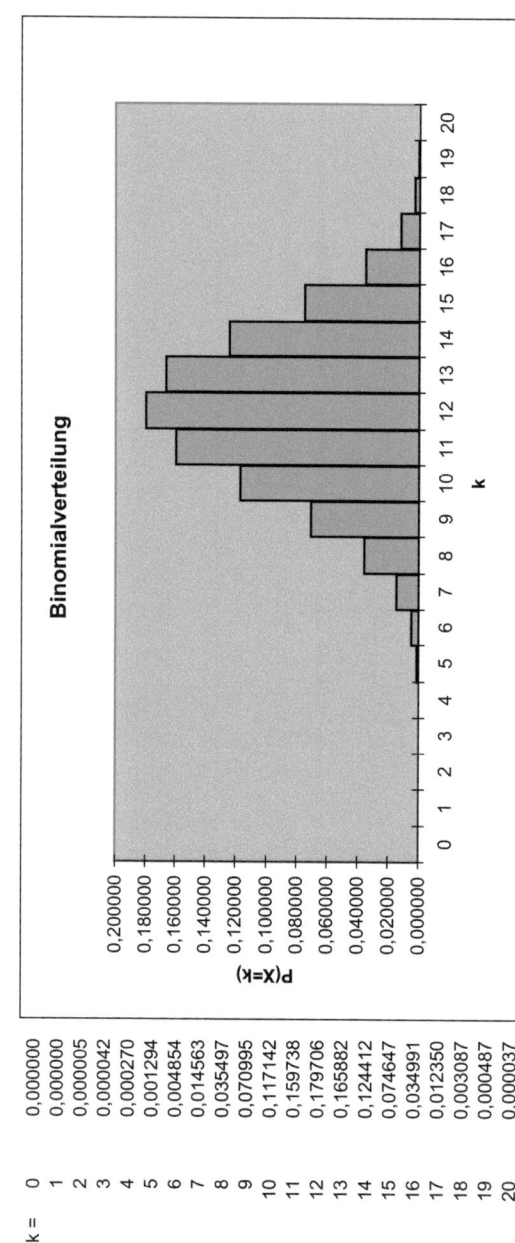

n = 20
p = 0,6

k =	
0	0,000000
1	0,000000
2	0,000005
3	0,000042
4	0,000270
5	0,001294
6	0,004854
7	0,014563
8	0,035497
9	0,070995
10	0,117142
11	0,159738
12	0,179706
13	0,165882
14	0,124412
15	0,074647
16	0,034991
17	0,012350
18	0,003087
19	0,000487
20	0,000037

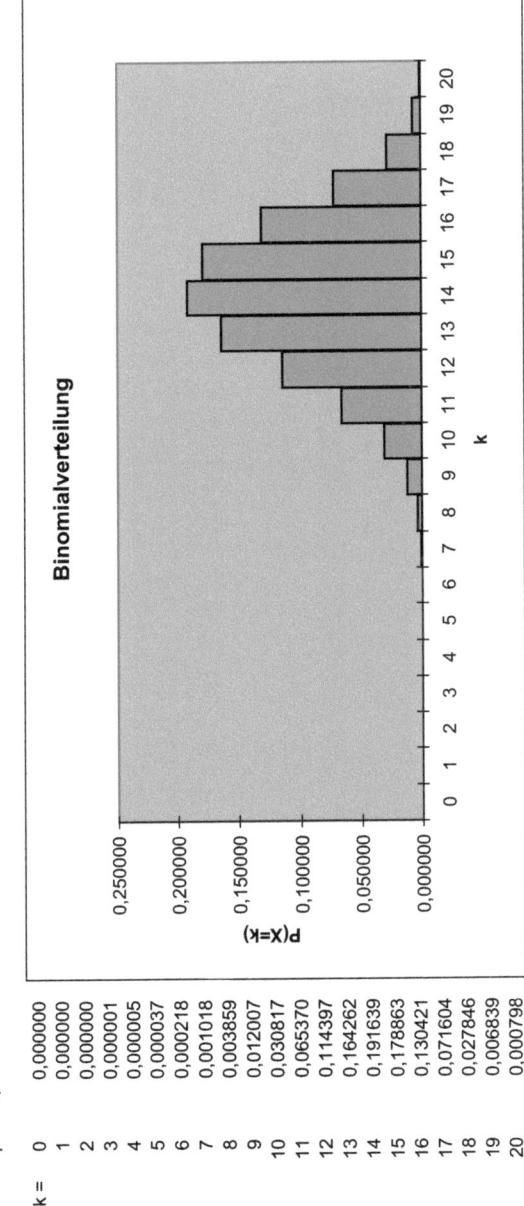

n = 20
p = 0,7

k =	
0	0,000000
1	0,000000
2	0,000000
3	0,000001
4	0,000005
5	0,000037
6	0,000218
7	0,001018
8	0,003859
9	0,012007
10	0,030817
11	0,065370
12	0,114397
13	0,164262
14	0,191639
15	0,178863
16	0,130421
17	0,071604
18	0,027846
19	0,006839
20	0,000798

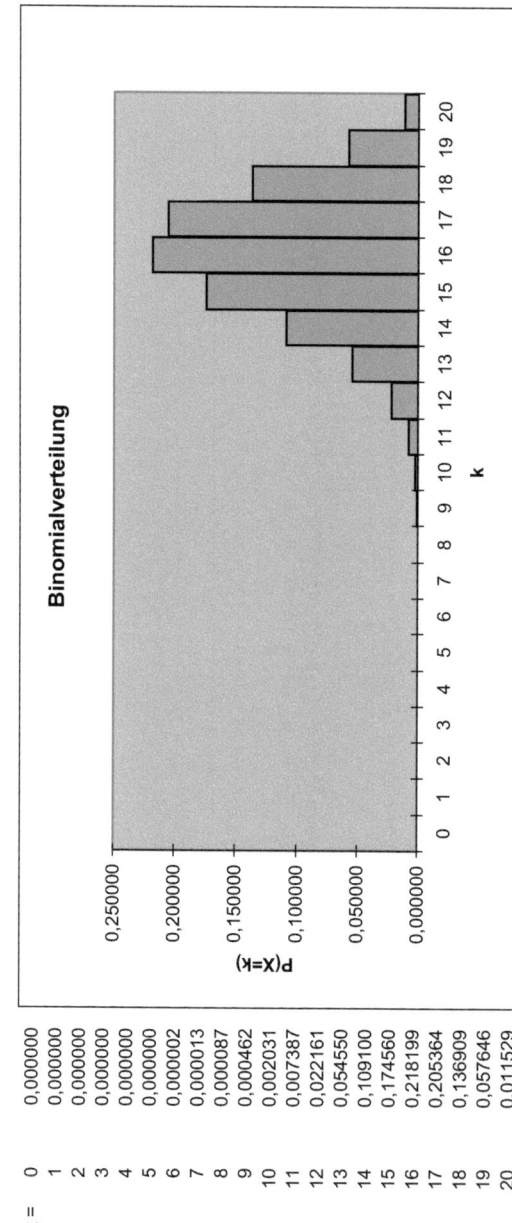

n = 20
p = 0,8

k =	
0	0,000000
1	0,000000
2	0,000000
3	0,000000
4	0,000000
5	0,000000
6	0,000002
7	0,000013
8	0,000087
9	0,000462
10	0,002031
11	0,007387
12	0,022161
13	0,054550
14	0,109100
15	0,174560
16	0,218199
17	0,205364
18	0,136909
19	0,057646
20	0,011529

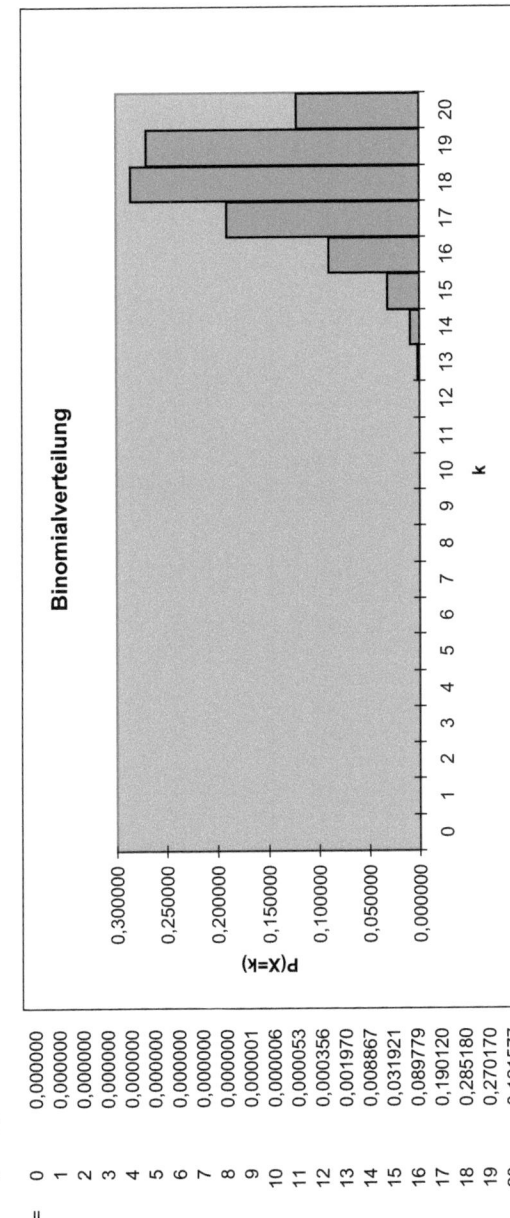

n	=	20		
p	=	0,9		
k =	0	0,000000
	1	0,000000
	2	0,000000
	3	0,000000
	4	0,000000
	5	0,000000
	6	0,000000
	7	0,000000
	8	0,000000
	9	0,000001
	10	0,000006
	11	0,000053
	12	0,000356
	13	0,001970
	14	0,008867
	15	0,031921
	16	0,089779
	17	0,190120
	18	0,285180
	19	0,270170
	20	0,121577